国家示范性高职高专规划教材·计算机系列

C语言程序设计案例教程

宗小翀　袁启昌　主编

清华大学出版社
北京交通大学出版社
·北京·

内 容 简 介

本书以Turbo C环境为基础，详细介绍了适用于PC系列计算机的C语言程序设计的基本概念、方法和技巧。

本书共分9章，主要介绍C语言程序设计基础、结构化程序设计、模块化程序设计、数组、指针、结构体与共用体、文件操作等。

本书是针对高职高专的教学特点组织编写的，这门课程不仅仅注重知识的讲授，还强调基本技能的训练。所以本书在编排上很有特色，采取循序渐进、深入浅出的讲解方法，书中采用的应用实例大多是当前计算机语言教学中使用较为广泛且比较实用的。

本书可作为高等职业院校、高等专科学校、成人高等学校、软件职业技术学院专业学生的学习用书，也可以供继续教育学校及编程爱好者使用。

图书在版编目（CIP）数据

C语言程序设计案例教程／宗小翀，袁启昌主编．—北京：清华大学出版社；北京交通大学出版社，2009.12（2011.9重印）
（国家示范性高职高专规划教材·计算机系列）
ISBN 978－7－81123－946－1

Ⅰ．①C…　Ⅱ．①宗…　②袁…　Ⅲ．①C语言－程序设计－高等学校：技术学校－教材　Ⅳ．①TP312

中国版本图书馆CIP数据核字（2010）第214646号

责任编辑：韩素华
出版发行：清 华 大 学 出 版 社　　邮编：100084　　电话：010－62776969
　　　　　北京交通大学出版社　　邮编：100044　　电话：010－51686414
印 刷 者：北京泽宇印刷有限公司
经　　销：全国新华书店
开　　本：185×260　　印张：14.75　　字数：360千字
版　　次：2010年4月第1版　　2011年9月第2次印刷
书　　号：ISBN 978－7－81123－946－1/TP·556
印　　数：4 001～7 000册　　定价：25.00元

本书如有质量问题，请向北京交通大学出版社质监组反映。对您的意见和批评，我们表示欢迎和感谢。
投诉电话：010－51686043，51686008；传真：010－62225406；E-mail：press@bjtu.edu.cn。

前　言

程序设计是计算机及相关专业学生必备的技能之一。在高等学校，一般都开设程序设计课程，C 语言的通用性和灵活性使得它比一般的程序设计语言更加通俗易懂，受到广大编程者的欢迎。

C 语言既具有高级语言的优点，又具有低级语言的特点：它语言简洁，语法限制不严格，编译程序简单而紧凑，在运行时占用的存储空间小，它的可移植性也很好。由于这几个突出的优点使越来越多的人加入到学习和使用 C 语言的队伍中来。

本书是针对高职高专的教学特点组织编写的。这门课程不仅仅注重知识的讲授，还强调基本技能的训练。所以本书在编排上很有特色，采取循序渐进、深入浅出的讲解方法，书中采用的应用实例大多是当前计算机语言教学中使用较为广泛且比较实用的。

本书的特点如下。

1. 循序渐进的讲解方式。本书首先让学生了解 C 语言的基础知识，然后理解实例，逐步学会编写程序。

2. 本书有别于传统教材，突出高等职业技术学院学生操作性、技能性的培养，强调实例教学，还专门配备了实训教程。

3. 本书引进了“模块化程序设计”的思想，从开始讲解程序设计就提出软件开发过程中的这个重要思想，为以后更好地掌握软件开发打好基础。

4. 本书所有的例子都可以在 Turbo C 2.0 上运行通过，有比较详细的上机操作过程。

本书由宗小翀、袁启昌主编。由于编者水平有限，加上编写时间仓促，书中难免存在疏漏和错误，欢迎广大读者提出宝贵意见。

编　者

2010 年 3 月

目　录

第1章 C语言概述

C 语言是目前比较流行的程序设计语言之一，它具有指针类型的数据，可以方便地对内存访问，从而让 C 语言程序能更加方便地对硬件进行控制。另外，C 语言同样可以应用在其他的领域。正是由于拥有如此强大的功能，掌握C语言就成为一个程序员必备的能力之一。

本章简要介绍C语言的特点，并通过简单而典型的C语言程序实例，引入C程序的结构组成，最后介绍了TC编程环境的使用。

1.1 C语言简介

1.1.1 C 语言的发展

C 语言是在 20 世纪 70 年代初问世的。1978 年由美国电话电报公司（AT&T）贝尔实验室正式发表了 C 语言，同时由 Brian Kernighan 和 Dennis M.Ritchie 合著了著名的《The C Programming Language》一书，其中对 C 语言作了详尽的描述，通常简称为《K&R》，也有人称之为《K&R》标准。但是，在《K&R》中并没有定义一个完整的标准 C 语言，这样就存在不一致的现象。为了改变这种情况，ANSI C 于 1983 年成立了一个专门委员会，为 C 语言制定了 ANSI（美国国家标准协会）标准。当时比较流行的有 Turbo C，它不仅满足 ANSI 标准，还提供了一个集成开发环境，同时也按传统方式提供了命令行编译程序版本，从而满足不同用户的需求。

早期的 C 语言主要用于 UNIX 系统。由于 C 语言的强大功能和各方面的优点逐渐被人们认识，到了 20 世纪 80 年代，C 开始进入其他操作系统，并很快在各类大、中、小和微型计算机上得到广泛使用，成为当代最优秀的程序设计语言之一。

C 语言在各种计算机上的快速推广导致许多 C 语言版本的出现，其种类达几十种之多。目前，广泛使用的 Turbo C，Borland C，Microsoft C 等版本都支持 ANSI 标准。为了通用性和实用性，本书仍按 ANSI C 标准介绍，上机实践以 Turbo C 环境为基础。

1.1.2 C 语言的特点

C 语言是一种通用的结构化语言。它的通用性和无限制性使得它对许多程序设计者来说都显得更加通俗和有效。无论是系统软件还是应用软件及数据处理、数值计算等都可以很方便地使用 C 语言。

C 语言的主要特点如下：

（1）简洁、紧凑、灵活。C 语言有丰富的数据类型和运算符，数据结构描述能力及表达式能力强。语言组成精练、简洁，语法限制不太严格，而且使用方便灵活。程序书写形式自由，几乎允许任何类型之间的转换。

（2）模块化、结构化。C 语言是以函数为模块来组成程序的，函数实现了程序的模块化。C 语言提供了顺序、分支和循环控制结构，从而实现了程序的结构化。

（3）移植性强。C 语言通过预处理命令等方法，允许程序尽可能地把与计算机硬件有关的部分从程序中分离出来，从而便于在不同的硬件环境和操作系统间实现程序的移植。

（4）C 语言允许直接访问物理地址，能进行位（bit）一级的操作，能实现汇编语言的大部分功能，可以直接对硬件进行编程操作，因此 C 既具有高级语言的功能，又具有低级语言的许多功能，可用来写系统软件。

（5）生成目标代码质量高，程序执行效率高。在代码效率方面可以和汇编语言相媲美。

1.2 C程序入门

1.2.1 一个简单的 C 语言程序例子

用 C 语言编写程序非常简单，请看下面一个大家熟悉的例子。

【例 1–1】已知两个正整数 x 和 y 的值，求 x 与 y 的和。

```
main()
{
int x,y,sum;
scanf("%d%d",&x,&y);
sum=x+y;
printf("%d",sum);
}
```

说明：

当运行该程序后，在屏幕上出现闪烁的光标，要求用户从键盘上输入 x 和 y 的值，键入如下数据：

```
22 33↙
```

其中，22 和 33 是分别赋给 x 和 y 的值；它们之间有个空格，作为这两个数据的分隔符；↙表示回车键。

屏幕上紧接着显示如下信息：

```
55
```

这就是 x 和 y 之和，是该程序运行后的结果。

1.2.2 程序的简单分析

为了方便分析，我们在【例 1–1】程序上增加了注释，请看：

```
main()                     /*主函数*/
{                          /*主函数体的开始，用花括号表示{*/
```

```
  int x,y,sum;                   /*定义变量类型语句*/
  scanf("%d%d",&x,&y);           /*数据输入语句*/
  sum=x+y;                       /*赋值语句*/
  printf("%d",sum);              /*输出语句*/
}                                /*主函数体的结束，用花括号表示}*/
```

说明：

（1）该程序作为一个文件存放在磁盘上，其扩展名为.C（系统默认）。

（2）程序的第 1 行 main()表示主函数，每一个 C 语言程序都必须有一个 main()函数。函数体由一对花括号{ }括起来。

（3）程序的第 3 行是定义变量 x，y 和 sum 类型的语句。int x，y，sum 表示定义 x，y，sum 这 3 个变量为整型。一个语句结束，用"；"来结尾。

（4）程序的第 4 行是数据输入语句，其中"%d"表示输入的数据类型为十进制整数类型。"&"表示取地址。整个语句的作用是，接受用户从键盘上输入的 2 个整数类型数值，分别输入到变量 x 和 y 的地址所标志的存储单元中。假设从键盘上输入的是 22 和 33 两个整型数值，那这两个数据就存放到了 x 和 y 所对应的存储单元中。

（5）程序的第 5 行是赋值语句，其中"="表示赋值号，赋值号的左边是变量 sum，右边是表达式 x+y。语句的作用就是将右边表达式的值赋给左边的变量 sum，也就是执行了赋值语句后，在 sum 变量的存储单元中存放的数值为 55，该数值的类型也是整型。

（6）程序的第 6 行是输出语句，其中"%d"表示输出的数据类型为十进制整数类型，该语句的作用是输出变量 sum 的值。

（7）程序中的"/*　*/"表示注释符号，在注释符号中间是注释内容，该内容可以由任意字符构成，系统不执行注释内容。注释的作用是给程序员阅读程序带来方便，程序中加上注释是程序员必须养成的良好习惯。

1.2.3　C 语言程序结构

通过以上分析，可以看出 C 语言程序的基本结构有以下特征。

1. C 语言程序是由函数构成的

C 语言程序是由函数构成的，一个 C 语言源程序至少包含一个 main()主函数，也可以包含一个主函数和若干个其他函数。【例 1–1】源程序是由一个主函数构成的。下面再来看一个程序，该程序包含 2 个函数，一个是主函数，另一个是自定义函数 max()。

【例 1–2】假设已知 2 个正整数 x 和 y 的值，比较它们的大小，并输出其中的最大值。

```
main()
{
  int p,q,m;
  scanf("%d%d",&p,&q);
  m=max(p,q);
  printf("max=%d",m);
}
int max(x,y)
int x,y;
{
```

```
    int z;
    if(x>y)z=x;
    else z=y;
    return(z);
  }
```

当运行程序并输入 p 和 q 数值时，假设分别输入 22 和 33 后，在屏幕上输出以下信息：

```
max=33
```

从以上程序来看，该程序由两个函数构成，一个是 main()主函数，另一个是 max(x,y)自定义函数。在主函数中调用自定义函数，并将实形参数 p 和 q 的值分别传递给形式参数 x 和 y，并执行比较，结果最大值是 33，并将该值返回去，程序结果是 max=33。

通过这几个例子可以看出，函数是 C 程序的基本单位。被调用的函数可以是系统提供的库函数（如 printf 和 scanf 函数），也可以是用户根据需要自己定义的函数（如 max()函数）。C 程序的函数相当于其他计算机语言中的子程序，用函数来实现特定的功能。

程序全部工作都是由函数来完成的，C 的函数库非常丰富。

2. *函数的格式*

一个函数由两部分组成：说明部分和函数体。

（1）函数的说明部分：主要包括函数名、函数类型、函数属性、函数参数名及形式参数类型等。一个函数名后面必须跟一对圆括号，函数参数可以没有，如 main()。

（2）函数体：即函数说明部分下面的花括号“{ }”内的部分。如果一个函数内有多个花括号，则最外层的一对“{ }”为函数体的范围。

3. *C 语言程序的执行*

一个 C 语言程序总是从 main()函数开始执行的，而不论 main()函数在整个程序中的位置。一般来说，main()函数可以放在程序的最前面，也可以放在程序的最后面，或在一些函数之前或之后。

4. *C 语言程序的书写格式*

由于 C 语言语句比较简洁精练，它的易读性较差，这就要求在书写格式上按照一定规格，增强易读性，下面简单介绍一下。

（1）C 语言中一行内可以写一个语句，也可以写几个语句。一个语句可以在一行内完成，也可以分成几行完成，每条语句用“;”隔开。

（2）C 语言中花括号“{ }”用得比较多，一般情况下，左右花括号上下对齐，这样便于检查。

（3）一般 C 语言程序使用小写字母来书写程序，大写字母一般表示常量。

5. *C 语言没有输入/输出语句*

C 语言本身没有输入和输出语句，输入和输出的操作是由库函数 scanf 和 printf 等函数来完成的。C 语言对输入/输出实行“函数化”。由于输入/输出操作牵涉到具体的计算机设备，把输入/输出操作放在函数中处理，就可以使 C 语言本身的规模较小，编译程序简单，很容易在各种机器上实现，程序具有可移植性。当然，不同的计算机系统需要对函数库中的函数作不同的处理。不同计算机系统除了提供函数库中的标准函数外，还按照硬件的情况提供一些专门的函数。因此不同计算机系统中所提供的函数个数和功能是有所不同的。

1.3　C 程序上机基本知识

在这里，仅介绍在 Turbo C 2.0 的 C 语言集成环境下简单的上机操作步骤。

1.3.1　如何进入 Turbo C

1. 进入 Turbo C

假设 Turbo C 已经安装在用户所用计算机的 C 盘 TC 目录下。进入 TC 子目录，键入 TC 后回车，即可进入图 1–1 所示的 Turbo C 集成开发环境。最初在屏幕中央显示本产品版本的有关信息，按任意键后即消失，这时，主菜单的第一项 File 上有一光条，按 E 键或 Esc 键，光标就出现在编辑窗口的左上角，用户就可以输入 C 源程序了。

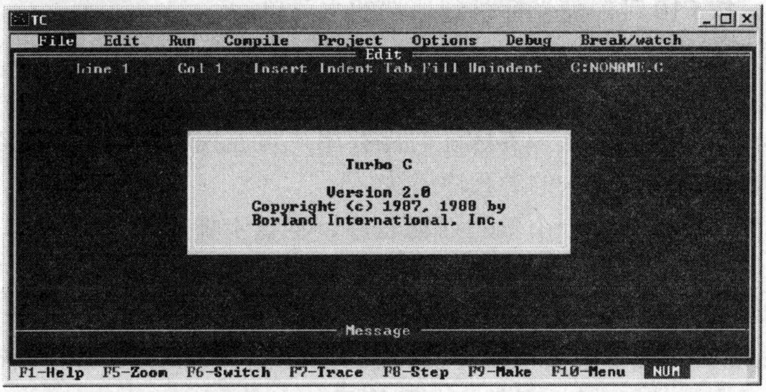

图 1–1　Turbo C 运行界面

如果想回到主菜单，可以按 F10 键，这时光标就会跳到主菜单。按→键或←键，光条会依次出现在主菜单中的某一项上。也可以按 Alt+（主菜单某一项的第 1 个字母）键，光条就直接出现在某一项上。当光条在某一项上时，按 Enter 键，就会出现一个下拉菜单，按↑键或↓键，光条就在下拉菜单中上下移动供用户选择其中某项操作，也可以直接按下拉菜单中某项的第一个字母，光条就会立刻跳到该项。

（1）编辑窗口上方的编辑信息行。在编辑窗口的上方有一行编辑信息，在此仅介绍其中常用的几项。

Line n：光标处在编辑文件的第 n 行。

Col n：光标处在编辑文件的第 n 列。

Insert：这是一个开关信息。如果屏幕上有此信息，按一下 Insert（或 Ins）键，此信息就会消失；再按一下 Insert（或 Ins）键，此信息又会出现。

当屏幕上有此信息时，屏幕编辑是处在“插入”状态，也就是说，当在光标处键入字符时，光标处及光标后的原有字符自动后移（向右），键入的字符插在光标位置上。

当屏幕上无此信息时，屏幕编辑是处在“重写”状态，也就是说，当在光标处键入字符时，键入的字符覆盖了光标位置上的原有字符，相当于擦除了原有字符并重写。

在此信息行的最右一项显示的是当前正在编辑的文件名。不管用户是否愿意，系统总是给用户的新文件取名为 NONAME.C。

（2）功能键提示。在屏幕底部的一行是功能键提示行，其作用如下。

F1：Help。按Fl键，将在编辑窗口内打开一个“帮助”窗口，可在此查看各种编辑命令，按PageDown键或PageUp键可翻页，按Esc键退出此窗口。

F5：Zoom。在编辑时，屏幕上通常有两个窗口，上面是输入源程序的编辑窗口，下面是系统给出信息的信息窗口（此窗口中间标有Message），当光标或光条出现在哪个窗口，就称该窗口是“活动”窗口。

按F5键，就使活动窗口放大到整个屏幕；再按F5键，使屏幕还原。

F6：Switch。按F6键，可使光标在编辑窗口和信息窗口之间来回切换。

F7：Trace。按F7键，逐行执行在编辑窗口内的程序并深入到各函数。

F8：Step。按F8键，逐行执行在编辑窗口内的程序但跳过各函数。

F9：Make。按F9键，编译并连接编辑窗口内的程序。

F10：Menu。按F10键，使光标跳到顶端的主菜单。

2. 如何保存源程序文件

无论是新键入的C源程序或是进行修改的旧程序，都先不要急于运行，应该先把这个程序以文件的形式保存到磁盘上。养成随时保存用户自己程序的习惯，可以不至因某些预料不到的偶发事件而将辛苦键入的源程序丢失。

如果在编辑窗口输入的是一个新的C源程序，存盘步骤如下。

操作步骤：

（1）按F10键或Alt+F键（按住Alt键不要放，同时按F键）。

（2）按Enter键，出现下拉菜单后，按PageDown键，直到亮条移至Write To上。或者在出现下拉菜单后直接按W键，亮条将立即移至Write to上。

（3）按Enter键，将出现一个标有New Name的小框，键入用户的文件名。

注意：

一定要用“.C”作为C源程序的后缀并键入完整的路径。例如，想要把源程序存入C盘中USERC子目录下的EX01.C文件中，应该键入C:\USERC\EXOl.C，确认无误后，按Enter键，源程序存盘完毕。

存盘完毕以后将返回编辑窗口，这时可以看到，在编辑信息行最右边的文件名已改变为C:EXO1.C（并不显示路径）。

如果在编辑窗口是一个进行修改的旧的C源程序（已有确定的名字），存盘步骤如下。

操作步骤：

（1）如果想用另外一个名字来保存这个修改后的C程序，请按以上新的C源程序存盘步骤进行。

（2）如果仍用旧的名字，按F2键即可，或者在File的下拉菜单中选Save也可。

3. 如何装入一个旧文件

如果要在编辑窗口内调试一个磁盘上的旧文件，可用以下两种方法把此文件装入编辑窗口。

（1）按F3键或选File下拉菜单中的Load，键入完整的文件名即可把指定的文件装入编辑窗口。

（2）在File下拉菜单中选Directory，按Enter键，在出现的“Enter File Name”框中键

入路径*.*，按 Enter 键，屏幕上会出现所选目录下的所有文件名供选择，移动光条，选择想装入的文件，按 Enter 键，所选文件立刻装入编辑窗口。

4. 如何退出 Turbo C

在退出 Turbo C 之前，请检查当前的 C 程序是否已经存盘。可用以下两种方法退出 Turbo C。

（1）在 File 下拉菜单中选最后一项 Quit，按 Enter 键，立刻退出 Turbo C。

（2）直接按 Alt+X 键，立刻退出 Turbo C。

5. 如何编译程序

当在编辑窗口内键入程序，存盘后，就可以编译编辑窗口内当前的程序，检查是否有语法错误。可用以下两种方法编译 C 源程序。

（1）在 Compile 下拉菜单中选第一项 Compile，按 Enter 键，此命令将把在当前编辑窗口内的源程序编译成目标程序（后缀为.OBJ），同时显示生成的文件名。

（2）直接按 Alt+F9 键。

当编译成功时，屏幕中央出现的信息窗口中显示：Success，按任意键返回编辑窗口。若有错，则显示：Error，按任意键返回编辑窗口，这时在下部的 Message 窗口会显示出错行号和出错信息，在编辑窗口内和 Message 窗口内都有光条出现在第一处出错的位置上。若有多处错误，按↑键或↓键，光条会在两个窗口相应出错位置上移动。按 Enter 键或 F6 键，光条消失，光标出现在编辑窗口内，处在 Message 窗口所指的出错位置上，并在编辑窗口顶部红色的光条内显示光标处的错误信息，这时，用户可以查找错误并进行修改。再按 F6 键，再次显示出错信息。在编译时还可能显示信息：Warning，这是一种警告信息，这种信息通常不影响程序的运行，但因为有错，会导致错误的运行结果，因此应予以重视并修正。

注意：

给出的错误信息有时并不一定就确切，经常是由相关的错误连带造成的，常常在改正一处错误之后，很多其他错误也就消失了。

6. 如何运行程序

编译成功后，就可运行程序。可用以下两种方法运行程序。

（1）在 Run 下拉菜单中选第一项 Run，按 Enter 键，此命令将当前编辑窗口内的源程序直接编译、连接并运行，在连接完成之后同时生成一个可执行文件（后缀为.EXE)。系统接着运行的就是这个可执行文件。

（2）直接按 Ctrl+F9 键。

当用以上两种方法运行程序时，如果没有发生错误，仍然返回编辑窗口，同时将运行时的输出结果显示在 DOS 窗口上；按 Alt+F5 键，暂时切换到 DOS 屏幕，可以看到输出结果，按任意键将返回到编辑窗口。

如果程序需要从终端输入数据，屏幕将自动切换到 DOS 窗口并等待输入，直到所需数据输入完毕。因此输入和输出都是在 DOS 窗口中进行的。

程序运行时如果有错，这时在下部的 Message 窗口显示出错信息，光标在 Message 窗口内指示出错信息，按 Alt+E 键，光标回到编辑窗口，用户应针对出错信息找出错误所在，这种错误可能是由语法错误导致的，也可能是由程序中的逻辑错误导致的，应该修改程序。

注意：

一个简短的有错误的 C 程序，如数组下标越界、错误的指针或字符串操作等，有时也会给出表面似乎正确的结果。C 语言认为使用它的都是有经验的程序员，因此把查错的工作留给程序员自己去完成。初学者不要一看结果正确就认为程序就是正确的，而忽略了对 C 语言的深入掌握。

7. 常用的热键

Alt+X 表示按住 Alt 键不放，同时按 X（大小写都可以）键。Ctrl+K+B 表示按住 Ctrl 键和 K 键不放，同时按 B 键。

F2：存储当前工作窗口内所编辑的文件。

F3：打开一窗口并装入一文件（或新文件）。

F4：将程序执行至光标所在行。

F5：扩大或恢复当前窗口。

F6：在各窗口间切换。

F7：单步执行程序并深入各函数。

F8：单步执行程序但跳过各函数。

F9：编译并连接程序。

F10：跳至顶端的主菜单。

Alt+X：退出 Turbo C。

Alt+E：使光标从 Message 窗口回到编辑窗口。

Alt+F1：显示前一个 Help 窗口。

Alt+F3：关闭当前工作窗口。

Alt+F5：暂时切换到 DOS 屏幕，按任意键返回到编辑窗口。

Alt+F7：移至前一个错误。

Alt+F8：移至下一个错误。

Alt+F9：将当前文件编译为.OBJ 文件。

Ctrl+F1：查询光标所在项目的有关 Help 信息。

Ctrl+F2：重置程序状态。

Ctrl+F3：显示函数调用栈。

Ctrl+F4：对一个表达式求值。

Ctrl+F7：增加一项观察（watch）表达式。

Ctrl+F8：设定或清除一中断点。

Ctrl+F9：执行当前程序。

Ctrl+K+B：指定（增亮）区块的开头。

Ctrl+K+K：指定区块的尾。

Shift+方向键：指定（增亮）区块（向四方扩散或回缩）。

Ctrl+K+T：指定一个字为（增亮）区块。

Ctrl+K+C：复制（增亮）区块。

Ctrl+K+H：显示或隐藏已定义好的（增亮）区块。

Ctrl+K+Y：删除（增亮）区块。

Ctrl+K+V：搬移（增亮）区块。

Ctrl+K+R：从别的文件内读入区块。

Ctrl+K+W：将区块内容写至文件。

Ctrl+Home：移至窗口的顶端。

Ctrl+End：移至窗口的末端。

Ctrl+PgUp：移至文件开头。

Ctrl+PgDn：移至文件末端。

Ctrl+Q+B：移至区块开头。

Ctrl+Q+K：移至区块末端。

Ctrl+Q+P：移至光标上次所在的位置。

Ctrl+Q+[：查找符号配对。

Ctrl+Q+F：打开 Find（查找）对话框。

Ctrl+Q+A：打开 Replace（替换）对话框。

Ctrl+L：重复执行上次 Find 或 Replace 的命令。

将光标移至欲标记处可同时按下 Ctrl+K+n（n：0～9）。若要回到先前设定的位置处，按下 Ctrl+Q+n。

1.3.2　简单的程序调试

对于初学者来说，上机运行程序不可避免地总是会出现各种错误，重要的是读者在实际操作中能读懂系统提供的各种出错信息，逐步积累经验。本节将帮助初学者利用 Turbo C 集成环境下提供的调试工具学习简单的程序调试方法。

程序中出现的错误类型一般有 3 种：编译错、运行错和逻辑错。

编译错是在编译过程中被发现的，通常属于语法错误，即编写的语句不符合 C 的语法规则。如使用了没有定义的变量；语句后缺少分号或在不该出现分号的地方加了分号；括号不配对等。遇到这种情况，编译即停止。对于这类错误，借助于 Message 窗口给出的出错行号及错误内容，一般比较容易定位。但有时所给行号并不是真正的出错行，需要纵观上下文，才能最终确定错误所在。

运行错是在程序运行时发生的，往往是由于语义上的错误造成的，即语句虽然合乎语法，但要求机器去做不该做或做不到的事情。如当执行表达式 a=a/b 时，除数 b 的值为 0；又如在进行数值运算时，运算结果超出了机器允许的范围等。这时 C 编译程序将显示出错信息，并立即返回编辑屏幕。查看运行结果时，可在 DOS 屏幕上看到出错信息。

带有逻辑错的程序可以运行并得出运行结果，但这一结果并不是按用户预期的逻辑关系得出的。这中间可能是由于变量初始化不正确而造成的计算错误；也可能是用户在编程时所使用的语句不正确；或者根本是算法设计错了。因此，这类错误较难查找，它常使初学者感到无从下手。

好在 Turbo C 集成环境下的调试器为用户提供了有效的跟踪调试程序的手段，可以方便、快捷地定位和排除错误。下面介绍 3 种在跟踪调试中最常用的手段。

（1）单步执行。在单步执行前，要保证需运行的源程序已装入内存。若未装入，可利用 File 菜单下的 Load 选项装入。然后选择 Run 菜单下的 Trace Into 选项或直接按 F7 键，这时程序若未经编译，系统将会自动进行编译。在没有语法错的情况下，就会有一条亮带停留在主函数 main()上，表明程序将从这里开始执行。随后每按一次 F7 键就执行一行源程序。这里每次执行的单位是行，而不是语句。因此，若一行有多条语句则连续执行。亮带将随程序的执行而移动。利用这种单步执行方式，可以清楚地观察到程序执行中的走向。

（2）使用监视窗口。仅仅靠单步执行只能跟踪程序的执行顺序。实际中还往往希望能监测程序执行过程中某些变量或表达式值的变化，这时可利用监视窗口的功能。即选择 Break/Watch 菜单下的 Add Watch 选项（Ctrl+F7 键），这时屏幕中间出现标有 Add Watch 的临时窗口，用户只要输入要观察的变量名（或表达式），在屏幕下方的观察窗口（Watch）中就将显示被监测变量的名字（或表达式）及当前值。反复使用这一功能可添加多个变量名（或表达式）到 Watch 窗口。使用 F7 键单步执行时，被测变量值的变化将反映在这一观察窗口中。

综合利用监视窗口和单步执行是找出程序中隐藏错误的最简单常用的方法。每运行一行，看看程序做了些什么，变量的值是否正常，若程序是按要求正常工作的，这一行就调试通过了，否则也就找到了错误所在。

现在以下面这个简单的程序为例做一次调试练习，即通过单步执行来跟踪每个变量的变化。

```
main()
{
 int i,a,b;
 a=10;
 b=4;
 for(i=1;i<=5;i++)
  {a=a/b;
   b=b-2;
  }
 printf("a=%d,b=%d\n",a,b);
}
```

程序输入完毕直接编译、运行，将会产生运行错“Divide error”，提示除数有错。为查找错误所在，可按 Alt+B 键调出 Break/Watch 子菜单，选择 Add Watch 选项后按 Enter 键，屏幕出现图 1–2 所示的监视窗口。

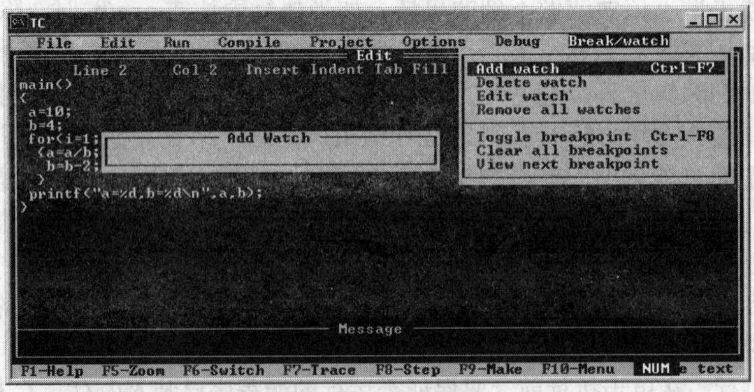

图 1–2 监视窗口

输入变量名 i 后，按回车键，i 就被添加到 Watch 窗口中，反复使用 Add Watch 选项，可将变量 a，b 都添加到 Watch 窗口中。在单步执行前，Watch 窗口的内容如图 1–3 所示。

图 1–3 监视窗口信息

显示的顺序与添加时的顺序有关，最上方的是最后加入的观察项，称为当前项，它的左侧有一个圆点作为标记。

变量添加完毕，可按 F7 键开始单步执行程序，这时有一亮带停留在 main()上。第 2 次按 F7 键后，亮带移至“a=10；b=4；”这一行上，表明下一步要执行这一行。由于此时 a，b，i 3 个变量均已定义，但未赋确定值，Watch 窗口显示的是随机值。

```
b：123
a：1262
i：–30936
```

再按 F7 键，亮带移至 for 语句上，这时 a 和 b 已有确定值，Watch 窗口显示 b：4，a：10。接着按 F7 键，将执行 for 循环体的内容。当 i=2 而亮带停在“b=b–2”；上时，窗口显示 b：2，a：1，i：2，此时还未执行“b=b–2；”这一语句。再按 F7 键，Watch 窗口显示：

```
b：0
a：1
i：3
```

这时已经观察到除数 b 变化成 0，从而就可确定出错原因并将其排除了。

在 Break/Watch 菜单下，除 Add Watch 选项外，还有 3 个与使用监视窗口有关的选项。

Delete Watch 选项：删除最后一个添加到 Watch 窗口中的观察项（当前项）。

Edit Watch 选项：编辑 Watch 窗口中最后一次加入的观察项(当前项)。当选择 Edit Watch 并按回车键时，屏幕出现标题为 Edit Watch 的临时窗口，窗口内显示出 Watch 窗口中当前项的内容。在 Edit Watch 窗口对其进行编辑修改并按回车键后，Watch 窗口的相应内容也随之改变。

Remove all Watch 选项：清除 Watch 窗口中的所有观察项。

（3）设置断点。在实际中，一个应用程序往往由多个模块（函数）组成。假设某个程序中包含有 3 个函数 main()、fun1()、fun2()。若 fun2()的运算要依赖于 funl()的运算结果，并且 funl()已调试通过。在调试 fun2()时，若仍采用单步方式从 main()函数开始执行，显然会花费很多不必要的时间。这时最好是在调用 fun2()之前，设置一个“断点”，然后在 Run 菜单下选 Run 选项，程序将自动执行到断点处停下，此时再利用单步执行来调试 fun2()。

一个程序中可以设置多个断点。从一个断点到另一个断点可以单步执行，也可以自动执行，应视需要而选取。

Turbo C 在 Break/Watch 菜单中提供了实现断点管理的 3 个选项。

Toggle breakpoint（或 Ctrl+F8）：在光标所在行设置/清除一个断点。设置成断点的行用一条亮带覆盖（通常这一亮带的颜色与单步执行中亮带的颜色是有区别的）。

Clear all breakpoints：取消程序中设置的所有断点。

View next breakpoints：将光标移到下一个断点行。

1.4 实训案例

一、实训目的

1. 掌握编辑、编译、连接和运行一个 C 语言程序的基本过程。
2. 通过运行简单的 C 语言程序，了解 C 程序的结构和特点。

二、实训内容和要求

1. 设计一个程序，已知圆的半径为 3，求圆的周长。
2. 编写一个 a=b+10 的程序，b 为整数值，求 a。

具体要求如下：

（1）输入程序，然后进行编译连接。如果在编译过程中有错误，则仔细检查并修改程序，然后再进行编译连接，直到没有错误为止。

（2）运行程序，查看程序的运行结果。

三、实训程序参考源代码

1.

```
#include <stdio.h>
main()
{float r=3,l;
 l=2*3.1416*3;
printf("L=%f",l);
}
```

2.

```
#include <stdio.h>
main()
{int a,b;
 scanf("%d",&b);
 a=b+10;
 printf("a=%d",a);
}
```

1.5 习　　题

1. C 程序是由＿＿＿＿＿＿组成，其中只能有一个＿＿＿＿＿＿函数。
2. 在一个 C 源程序中，注释部分两侧的分界符分别为＿＿＿＿和＿＿＿＿。
3. C 语言程序中的语句都是用＿＿＿＿＿＿结束。
4. 一个 C 程序的执行是从＿＿＿＿。

A. 本程序的 main()函数开始，到 main()函数结束
B. 本程序文件的第一个函数开始，到本程序文件的最后一个函数结束
C. 本程序的 main()函数开始，到本程序文件的最后一个函数结束
D. 本程序文件的第一个函数开始，到本程序 main 函数结束

5. C 语言规定：在一个源程序中，main()函数的位置______。

A. 必须在最开始　　B. 必须在系统调用的库函数的后面
C. 可以任意　　D. 必须在最后

6. 以下叙述中正确的是______。

A. 在 C 程序中，main 函数必须位于程序的最前面
B. C 程序的每行中只能写一条语句
C. C 语言本身没有输入输出语句
D. 在对一个 C 程序进行编译的过程中，可发现注释中的拼写错误

7. 编程题。

（1）编写一个对话程序，例如，

```
zhang:How are you,ying.
ying:Fine, thank you,and you?
```

（2）编写一个程序，输出以下信息：

```
    *
  *   *
*   *   *
```

第 2 章　C 语言程序设计基础

> 本章重点介绍 C 语言的基本数据类型和表达式，以及实现输入输出功能的一些常用函数。C 语言的数据类型非常丰富，学好有关数据类型的知识是使用程序设计语言的前提。

2.1　数据类型

数据类型把 C 语言所处理的数据对象按其性质的不同分为不同的子集，便于对不同类型的数据规定不同的运算。不同的数据类型存储的数据范围、格式和有效位也不相同。

C 语言中的数据类型可分为基本类型、构造类型、指针类型和空类型，如图 2–1 所示。

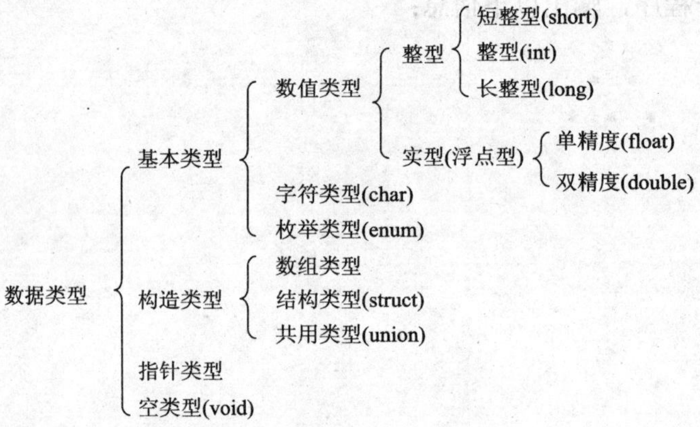

图 2–1　C 语言数据类型

2.1.1　标识符

所谓标识符，实际上就是一个字符序列，在 C 语言中，标识符用来标记常量、变量、数据类型、函数及程序的名字。在 C 语言中构成标识符必须符合下列语法规则：

（1）只能由字母、数字和下划线 3 种字符组成；

（2）第一个字符必须为字母或下划线。

C 语言中的标识符可以分为下述 3 类。

1. 关键字

关键字是用来说明 C 语言中某一固定含义的字，新的 ANSI C 标准已经将关键字扩充到 32 个，具体如下：

```
auto   const    double  int   float  short   struct   unsigned
break  continue else    for   long   sizeof  switch   void
```

```
case   default   enum   goto   register signed   typedef   volatile
char   do        extern if     return   static   union     while
```

这些关键字为 C 语言专用符号，不得赋予其他含义。C 语言中的习惯是用小写字母，所有这些关键字也都是由小写字母构成的。

2. 特定字

特定字是具有特定含义的标识符，主要有以下 7 个：

```
define,include,undef,ifdef,ifndef,endif,line
```

它们主要用在 C 语言的预处理程序中，这些标识符虽然不是关键字，但由于给这些字赋予了特定含义，所以人们习惯把它们看作是关键字，因此在程序中不能把这些特定字当作一般标识符使用。

3. 一般标识符

一般标识符通常是用户根据程序需要自己按照标识符规则来定义的。编程人员可根据这些标识符所标记的内容含义用英文或汉语拼音字母来表示，或根据习惯符号来表示。下面的字符串为合法的标识符：

```
student_1,name,_aaa,y,_age
```

而下面的字符串都是不合法的标识符：

```
9s,number#,-xy
```

还需注意的是，C 语言中大小写字母是具有不同含义的，如 class 和 CLASS 代表不同的标识符。C 语言中虽然规定标识符长度不限，但只有前 8 个字符有效，所以在定义标识符时要注意不要让前 8 个字符造成标识符重名。现在流行的与 32 位操作系统配套的 C 编译器已经能识别长文件名，不再受 8 位的限制。对一个可读性好的程序，必须选择恰当的标识符，取名应统一规范化，使读者一目了然。

2.1.2 常量与变量

C 语言中数据有常量和变量之分。

1. 常量

在程序运行过程中，值不能被改变的量称为常量。常量可分为不同的类型，如 0，−1 为整型常量；0.5，−1.5 为实型常量；‘A’，‘#’为字符型常量；“Abc”为字符串常量，这些常量都是直接常量。

C 语言中也可以用一个标识符代表一个常量。代替常量的标识符称为符号常量，为了区别于一般的变量，符号常量通常使用大写的英文字母。符号常量在使用前必须先声明，其声明的一般格式如下：

```
#define 符号常量名　常量
```

如：

```
#define N 10
#define NULL 0
#define EOF -1
```

其中 N，NULL，EOF 是符号常量，它们分别代替的常量为 10，0，−1。每个符号常量定义式只能定义一个符号常量，并且占据一个书写行。其中#define 并不是 C 语言的语句，而是发布给编译系统的预处理命令，通过预处理命令将一个常量定义给一个符号常量。

使用符号常量的优点如下。

（1）符号常量有明确的含义，具有可读性和可移植性。因为符号常量通常具有明确的含义，所以一见到符号常量便可知道其所代替的常量的意义，可读性相当好。至于可移植性，是指一个程序可以在不同的系统环境下执行，符号常量具有很高的可移植性。

（2）可方便地修改源程序，例如，将经常使用的一些常量定义为符号常量，在修改程序时，只要一次在预处理命令中修改即可，不需要在程序中一个一个地修改。

【例 2–1】已知圆的半径，求圆的周长。

```
#define PI 3.1416
#include <stdio.h>
main()
{
float r,l;
scanf("%f",&r);
l=2*PI*r;
printf("length is:%f",l);
}
```

在此程序中，用#define 命令定义 PI 代表常量 3.1416，在源程序进行编译时，每当遇到 PI 就自动用 3.1416 代替了 PI。

2. 变量

C 语言中常常使用变量进行各种运算。所谓变量，就是在程序运行过程中值可以发生变化的量，它的作用是用来存放常量的。

每个变量都应该有它的一个名字，这样在对程序编译连接时由系统给每一个变量名分配一个内存地址。每个变量名都是一个一般标识符，在选择变量名时，应注意做到“见名知意”，即名字表现内容，增加可读性。在 C 语言中，要求对所有用到的变量作强制声明，也就是“先声明，后使用”，这样做的目的是指出这个变量的存储类型和数据类型，便于在编译时就能为其分配相应的存储单元。变量定义的一般形式如下：

类型说明符 变量名 1，变量名 2，变量名 3，……；

如：
```
int a,b,c;
float A,B,C;
double x;
char m,n;
```

说明：

（1）类型与变量名间至少要加一个空格；

（2）不同类型的变量，要用相应的关键字分别声明；

（3）声明结束都要以分号结尾。

2.1.3 变量赋初值

程序中需要对一些变量预先设置初值，C 语言中允许在声明变量的同时使变量初始化，如：

```
int b=4;            /*声明 b 为整型变量，初值为 4*/
float x=3.567;      /*声明 x 为实型变量，初值为 3.567*/
char c='A';         /*声明 c 为字符型变量，初值为'A'*/
```

2.1.4 整型数据

1. 整型常量

C 语言中整型常数有 3 种不同的表示形式，分别如下。

（1）十进制，指一般常用的整型数的表示形式，它用 10 个不同的数码符来表示，即 0～9，逢十进位，如 25，789，888。

（2）八进制，指采用 8 个不同的数码符来表示的数，即 0～7，逢八进位，为了与十进制数有所区别，在八进制整数前加一个标识符“0”，如 0123，0777，–0145。

（3）十六进制，指采用 16 个不同的数码符来表示的数，即 0～9，A～F，逢十六进位，为了和其他进制数有所区别，在十六进制整数前面加一个标识符“0X”，如 0X123，0X658。

2. 整型变量

数据在内存中是以二进制形式存放的。

如果声明了一个整型变量 k:

```
int  k;                 /*声明为整型变量*/
k=12;                   /*给变量赋以整数值 12*/
```

每个整型变量在内存中占 2 个字节也就是 16 位，十进制整数 12 的二进制形式为 1100，在内存中以图 2–2 形式存放。

1	2	3	4	5	6	7	8	9	10	11	12	13	14	15	16
0	0	0	0	0	0	0	0	0	0	0	0	1	1	0	0

符号位:0表示正数,1表示负数

图 2–2 十进制整数 12 在内存中存放形式

其中最高位是符号位，剩下 15 位表示不同数值具体的量，所以有符号数可表示 –32 768～+32 767 之间的整数范围。如果是无符号的整数，那么，最高位可以用来表示数值，则它的最大取值范围是 0～2^{16}–1，即 0～65 535。

实际上在计算机内部表示一个整型数据是用该数二进制的补码形式存放的。

（1）对于正整数，补码、反码和原码是相同的，即+12 的补码就是 0000000000001100；

（2）对于负整数–12，它的补码如下：

–12 的原码是 1000000000001100；

–12 的反码是 1111111111110011（将原码除符号位外按位取反，即 0 变成 1，1 变成 0）；

–12 的补码是 1111111111110100（将其反码的末位加 1）。

因此，–12 在计算机内的存储形式如图 2–3 所示。

1	2	3	4	5	6	7	8	9	10	11	12	13	14	15	16
1	1	1	1	1	1	1	1	1	1	1	1	0	1	0	0

图 2–3 –12 在内存中的存放形式

整型类型的数据，按照数据的长度可分为在内存中占 16 位或 32 位，按照数据是否带符号可分为有符号整数和无符号整数，如表 2–1 所示。

表 2–1　整数数据的长度及取值范围

	数据长度	类型标识符	取值范围
有符号整数	16 位	short	–32 768～32 767　即-2^{15}～（$2^{15}-1$）
	16 位	int	–32 768～32 767　即-2^{15}～（$2^{15}-1$）
	32 位	long (int)	–2 147 483 648～2 147 483 647　即-2^{31}～（$2^{31}-1$）
无符号整数	16 位	unsigned short	0～65 535　即 0～（$2^{16}-1$）
	16 位	unsigned int	0～65 535　即 0～（$2^{16}-1$）
	32 位	unsigned long	0～4 294 967 295　即 0～（$2^{32}-1$）

整型常量对于整型数据的上述几种类型在表示时应遵循以下约定。

（1）一个整数，如果其值在–32 768～32 767 的范围内，则认为它是 int 型。

（2）一个整数，如果其值超过了上述范围，可使用长整型常量表示（在数值后面加“L”或“l”），其取值范围在–2 147 483 648～2 147 483 647 之间。

（3）一个整型常量只可以赋给能容纳其值的整型变量。

如：其值在–32 768～32 767 之间的整型变量，可以赋给 int 型变量和 long int 型变量；而其值在–2 147 483 648～2 147 483 647 之间的整型变量，只可以赋给 long int 型变量。

（4）常量无 unsigned 型，它是一个非负的整数，只要它的值不超过相应变量的取值范围，就可以赋给 unsigned 型变量。

如可以将 7 000 赋给一个 unsigned int 型变量，但却不可以将 70 000 赋给一个 unsigned int 型变量，因为 70 000>65 535，会出现数据溢出的情况。

2.1.5　实型数据

1. 实型常量

C 语言中的实型常量如同其他高级语言中的实数，由整数、小数和指数 3 部分组成，它的表示方法有以下两种。

（1）十进制小数形式：由整数部分和小数部分组成。如 4.87，–89.556；

（2）指数形式：用科学记数法来表示。如 24.13e4，–5.45E9，56.3e–4 都是合法的实型数的表示方法。

2. 实型变量

实型数据在微机系统中与整型数据的存储方式不同，实型数据是按照指数形式存储的，系统把一个实型数据分成小数部分和指数部分，分别存放。指数部分采用规范化的指数形式。实数 6 532.123 4 在内存中的存放形式如图 2–4 所示。

+	4		.65321234
数符	阶码		小数部分
+	10^4	×	0.65321234

图 2–4　实数存放形式

图中用十进制来示意，实际上在计算机中是用二进制来表示小数部分和指数部分的。按照数据的长度，实型数据可分为 32 位、64 位和 128 位，如表 2–2 所示。

表 2-2　实型数据的长度及取值范围

实型数据	数据长度	类型标识符	取值范围
单精度	32 位	float	–3.4E+38～3.4E+38
双精度	64 位	double (float)	–1.8E+308～1.8E+308

注意：

在 32 位中，究竟用多少位来表示小数部分，多少位来表示指数部分，由各 C 编译系统自定。一般单精度实数的精度是 8 位，双精度实数的精度是 16 位。用户从键盘中输入的十进制数，计算机自动转换成二进制。

2.1.6　字符型数据

1. 字符常量

用一对单引号括起来的一个字符，称为字符常量，如'a'、'A'、'? '都是字符常量。单引号是作为字符常量的定界符使用，并不表示字符常量本身。

C 语言还允许用一种特殊形式的字符常量，就是一个以“\”开头的字符序列，这种反斜杠字符常量又称转义字符。常用的转义字符如表 2-3 所示。

表 2-3　转义字符及其作用

字符形式	含义	ASC II 码
\n	换行，将当前位置移到下一行开头	10
\t	水平制表（跳到下一个 Tab 位置）	9
\b	退格，将当前位置移到前一列	8
\r	回车，将当前位置移到本行开头	13
\f	换页，将当前位置移到下页开头	12
\\	反斜杠字符“\”	92
\'	单引号字符	39
\"	双引号字符	34
\ddd	1 到 3 位八进制所代表的字符	
\xhh	1 到 2 位十六进制所代表的字符	

【例 2-2】输出形式举例。

```
 #include <stdio.h>
main()
{
char a,b,c;
 a='n';
 b='e';
 c='\167';                              /*八进制数 167 代表的字符'w'*/
 printf("%c%c%c\n",a,b,c);              /*以字符格式输出*/
```

```
printf("%c\t%c\t%c\n",a,b,c);          /*每输出一个字符跳到下一制表位*/
printf("%c\n%c\n%c\n",a,b,c);          /*每输出一个字符后换行*/
}
```

运行结果如下：

```
new
n       e       w
n
e
w
```

在C语言中，字符常量具有数值，字符常量的值就是该字符的ASCⅡ码值，可以用整型数来描述。如：

```
'B'=66
'7'=55
'%'=37
```

有时需要把某一个字符常量赋予某一个变量，实际上就是把该字符常量的ASCⅡ码值赋给了变量，而且字符常量可以像数一样，在程序中参加运算。

如：

```
a='B';                    /*相当于 a=66*/
b='%'+7;                  /*相当于 a=37+7*/
```

C语言中，字符常量常常用于字符之间的比较，实际上也是比较它们各自的ASCⅡ码值的大小。

2. 字符串常量

由一对双引号括起来的字符序列称为字符串常量。如"a"，"How are you"，"5678"都是字符串常量。双引号是作为字符串常量的定界符使用，并不表示字符串常量本身。

在C语言中，字符串常量不具有数值，也就是说不能用字符串常量进行运算，在存储性质上字符常量和字符串常量也是不同的。例如，"a"和'a'是两个不同的常量，因为C规定，在每个字符串结尾加一个字符串结束标志'\0'，以便系统判断字符串是否结束。所以'a'在内存中只占一个字节，而"a"就占两个字节，其中一个字节存储该字符串的结束标志'\0'。'\0'字符是系统自动加上的，在输出字符串时不输出。

如："zscollege"在内存中的实际存放情况如图2–5所示。

z	s	c	o	l	l	e	g	e	\0

图2–5　字符串存放情况

3. 字符型变量

字符型变量用来存放字符常量，只能放一个字符，不可以放一个字符串。系统规定用一个字节来存放一个字符，所以每个字符变量在内存中占一个字节。

假设有以下声明：

```
char c= 'A';
```

它表明声明了一个字符型变量c，并把字符常量'A'赋给了c，因为'A'的ASC Ⅱ码值是97，所以相当于变量c现在的值就是97。

【例 2–3】大小写字母的转换。

```
main()
{
char c1='b';
c1=c1-32;
printf("%c",c1);
}
```

运行结果如下：

```
B
```

注意：

每个小写字母的 ASC II 码值比它相应的大写字母的 ASC II 码值大 32。

2.1.7　各种数值间的混合运算

整型、实型、字符型数据可以进行混合运算，在进行运算时，不同类型的数据要先转换成同一类型，然后进行运算，转换的规则如图 2–6 所示。

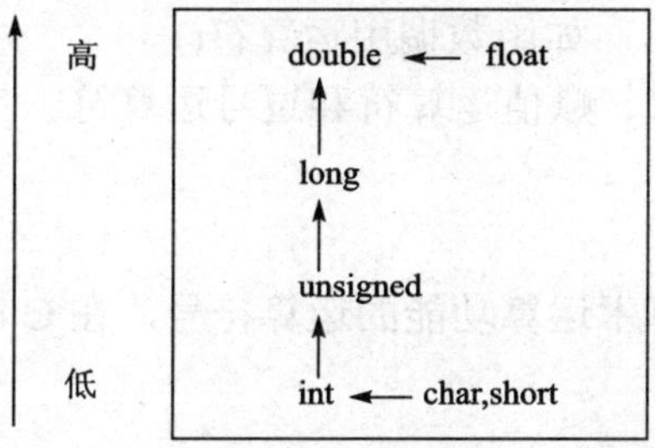

图 2–6　各种数值间的混合运算规则

转换时需要注意以下几点。

（1）图中的横向箭头表示是必须要转换的，例如，字符型必须先转换成整型，short 型转换成 int 型，float 型在运算时必须要先转换成 double 型，以提高运算精度（即使是两个 float 型数据相加，也先都化成 double 型，然后再相加）。

（2）图中的纵向箭头表示当运算对象不为同类型时转换的方向。例如，int 型与 double 型数据进行运算时，先将 int 型转换成 double 型，然后在两个不同类型数据间进行运算，其结果为 double 型。

（3）纵向箭头方向只表示数据类型级别的高低，在混合运算时需从低向高转换，并不是先将 int 型转换成 unsigned int 型，再转换成 long int 型，最后再转换成 double 型。同理，一个 int 型与一个 long 型运算，先将 int 型转换成 long 型。如果参加运算的两个数据中最高级别为 long 型，则另一数据先转换为 long 型，运算结果为 long 型。其他以此类推。

上述的类型转换是由系统自动进行的。

2.2　运算符与表达式

运算算是对数据进行加工的过程，而运算符是记述各种不同运算的符号。参加运算的数据称为运算量。

运算符与运算对象的组合构成了表达式，C 语言的运算符非常丰富，能构成多种表达式，它把许多基本操作都作为运算符处理。使得C语言表达式处理问题的范围广、功能强，给各种运算带来了方便。C的运算符有以下几类：

算术运算符	+，–，*，/，%，++，––等
关系运算符	>，<，==，>=，<=，!=
逻辑运算符	&&，‖，！
位运算符	<<，>>，～，|，∧，&
赋值运算符	=及其扩展赋值运算符
条件运算符	？ ：
逗号运算符	，
指针运算符	*，&
求字节数运算符	sizeof
下标运算符	[ ]
强制类型转换运算符	（类型）
其他	如函数调用运算符()

本节主要介绍算术运算符、赋值运算符和逗号运算符。

2.2.1 算术运算符

算术运算符就是指具有算术运算功能的运算符号，在C语言中，算术运算符分为双目运算符和单目运算符两种。

1. 双目运算符

如果该运算符是在两个运算量之间的运算，那么该运算符就是双目运算符，共有如表2–4所示的5种。

表 2–4 双目算术运算符

运算符	名称	实例	运算功能
+	加	a+b	求a与b的和
–	减	a–b	求a与b的差
*	乘	a*b	求a与b的积
/	除	a/b	求a除以b的商
%	求余	a%b	求a除以b的余数

注意：

（1）除号'/'运算的运算量若是整型数时，其结果仍然是一个整数，它将小数部分舍去，多数机器采取“向零取整”的方法，即6/7=0；如果参加运算的两个数中有一个为实数，则结果是double型。

（2）求余'%'运算符也称为模运算符。求余运算符两侧的运算量必须都是整型，其结果值是两数相除所得的余数。一般情况下，所得的余数与被除数符号相同（也可能随机器系统的类型而有所不同）。

如：`7%4=3,10%5=0,-8%5=-3,8%-5=3`。

2. 单目运算符

单目运算符的位置可以在运算量的前面也可以在后面，共有 3 种：++（自增），– –（自减）和–（求负符号），自增和自减运算符可以在变量前或后，如：

++i，– –i　（在 i 使用之前，先使 i 的值加 1 或减 1）

i++，i– –　（在 i 使用之后，再使 i 的值加 1 或减 1）

单目运算符的种类及运算功能如表 2–5 所示。

表 2–5　单目算术运算符

运算符	名称	实例	运算功能
++	加 1	++a 或 a++	a=a+1
– –	减 1	– –a 或 a– –	a=a–1
–	求负	–a	a=–a

注意：

（1）求负运算就是取一个数的负数，–a 相当于 0–a。

（2）自增和自减运算符只能作用在变量上，不能作用在常量或表达式上。

（3）自增和自减运算符放在变量的前或后，最后的运算结果是不同的，如下面的例子所示。

【例 2–4】自增运算符。

```
main()
{
int i=3,j=10,m,n,p,q;
m=++i;                  /*先执行 i=i+1=4,再把 4 赋给 m*/
n=i++;                  /*把 i=4 赋给 n 后，再执行 i=i+1=5*/
p=--j;                  /*先执行 j=j-1=9,再把 9 赋给 p*/
q=j--;                  /*把 j=9 赋给 q 后，再执行 j=j-1=8*/
printf("%d,%d,%d\n",m,n,i);
printf("%d,%d,%d\n",p,q,j);
}
```

运行结果如下：

```
4,4,5
9,9,8
```

（4）自增和自减符号不能用于 0 值，如 0++和 0– –都是不合法的。

（5）单独使用自增和自减符号，如++a 或 a++时，虽然效果是一样的，但为了一致，一般使用前一种表示方法。

3. 算术运算符的优先级

优先级是指在运算过程中，这些运算符的先后顺序。而当遇到同级别的运算符时，单目运算符是从右往左运算，而双目运算符是从左往右运算，它们的运算关系如表 2–6 所示。

表 2–6　算术运算符的优先级

优先级	类型	运算符	名称	结合规则
1	单目	++	加 1	从右到左
1	单目	– –	减 1	从右到左

续表

优先级	类型	运算符	名称	结合规则
1	单目	–	求负	从右到左
2	双目	*	乘	从左到右
2	双目	/	除	从左到右
2	双目	%	取余	从左到右
3	双目	+	加	从左到右
3	双目	–	减	从左到右

2.2.2 算术表达式

1. 算术表达式

表达式是指运算符与运算对象的组合，所以算术表达式就是由算术运算符与常量、变量、函数等相连接的，并具有一定数学含义的式子。算术表达式的类型由各操作数的类型决定，如果在一个算术表达式中，操作数有整型也有实型，那么该表达式的类型为操作数中的最高类型，也就是实型。

例如，a–b*2+3.2+'B'就是一个合法的算术表达式。

C 语言规定了运算符的优先级和结合规则，所以在表达式求值时，先按运算符的优先级别高低次序执行，如果在一个运算对象两侧的运算符优先级别相同，如 a+c–b，则按规定的结合性处理。

【例 2–5】表达式运算。

（1）x=x-a*y;　　　　/*首先计算 a*y，然后 x 减去 a*y 的乘积*/

（2）c=++m+ ++n;　　　　/*首先计算 m 加 1，再计算 n 加 1，最后两者相加*/

（3）s=a%b*c;　　　　/*首先计算 a%b ，然后将余数乘以 c*/

2. 强制类型转换运算符

利用强制类型转换运算符可以将一个表达式转换成所需要的类型。

一般形式如下：

(类型名)（表达式）

如：(int)(a+b)　　　　/*将 a+b 的值转换成整型*/

　　(double)p　　　　/*将 p 转换成 double 型*/

注意：

表达式应该用括号括起来，如果写成

(int)a+b

就是将 a 转换成整型，然后与 b 相加。在进行强制转换的时候，得到的是一个所需类型的中间变量，原来变量的类型没有发生变化。

如：(int)k

如果 k 原本指定为实型，进行强制类型运算后得到一个整型的中间变量(int)k，它的值等于 k 的整数部分，而 k 的类型不变，仍然是实型。

在 C 语言里，共有两种类型转换：一种是在运算时不必用户指定，系统自动进行的类型转换；另一种就是强制类型转换。当自动类型转换不能实现目的时，可以用强制类型转换。

2.2.3　赋值运算符和赋值表达式

1. 赋值运算符

赋值运算符是用来实现给变量赋值的操作，它是双目运算符，优先级比较低。“=”就是赋值运算符，它的作用是将一个数据赋给一个变量。

如：x=6 就是执行一次赋值操作，把常量 6 赋给变量 x，也可以将一个表达式的值赋给一个变量。

说明：

（1）赋值运算符的左边必须是变量，右边的表达式可以是单一的常量、变量、表达式和函数调用语句。

（2）赋值符号“=”不同于数学中使用的等号，它没有相等的含义。

（3）在进行赋值运算时，当赋值运算符两边的数据类型不同时，将由系统自动进行类型转换。

2. 复合的赋值运算符

在赋值符“=”前加上其他运算符，可以构成复合的运算符，常用的赋值运算符如表 2–7 所示。

表 2–7　赋值运算符

运算符	名称	举例	等价于	结合规则
+=	加赋值	a+=b	a=a+b	从右到左
– =	减赋值	a– =b	a=a–b	从右到左
* =	乘赋值	a* =b	a=a*b	从右到左
/=	除赋值	a/=b	a=a/b	从右到左
%=	取余赋值	a%=b	a=a%b	从右到左

还有 5 种<<=，>>=，|=，∧=，&=是和位运算有关的，在以后的章节中再作介绍。

注意：

若出现 a/=x+y 这种情况，应理解为 a=a/(x+y)，把赋值运算符右边的表达式看作是个整体，相当于有括号。

3. 赋值表达式

由赋值运算符将一个变量和一个表达式连接起来的式子称为赋值表达式。

它的一般形式如下：

<变量><赋值运算符><表达式>

它的求解过程：将赋值运算符右侧的表达式的值赋给左侧的变量，赋值表达式的值就是被赋值的变量的值。例如，p=10 这个赋值表达式的值就是 10，变量 p 的值也是 10。

如果多个赋值运算符同时出现在一个表达式中，那么按赋值运算符从右向左的结合规则来求解。请看下面的一些例子：

```
x=y=z=1               (赋值表达式的值为 1, x,y,z 的值都为 1)
x=(y=6)/(z=3)         (y 的值为 6, z 的值为 3, x 的值为 2,表达式的值为 2)
```

【例 2–6】赋值运算符应用。

```
#include <stdio.h>
main()
{
int a,b,c,d;
a=4;b=3;c=2;d=1;
a-=b;
b+=c;
d+=a;
printf("a=%d\tb=%d\tc=%d\td=%d\n",a,b,c,d);
a*=b;
d/=c;
c%=b;
b+=a;
printf("a=%d\tb=%d\tc=%d\td=%d\n",a,b,c,d);
}
```

运行结果如下：

```
a=1     b=5     c=2     d=2
a=5     b=10    c=2     d=1
```

2.2.4 逗号运算符与逗号表达式

“,”是 C 语言的一种特殊运算符，即逗号运算符。用它将多个表达式连接起来的式子称为逗号表达式。逗号表达式的一般形式如下：

表达式 1，表达式 2，表达式 3，……，表达式 n

逗号表达式的求解过程：从左到右依次求解每个表达式的值，最后一个表达式的值为整个逗号表达式的值。

如：4*5，10-5

是一个逗号表达式，它的值为第 2 个表达式的值，也就是 5。

逗号运算符在所有运算符中的优先级别最低，且具有从左至右的结合性，它起到了把若干个表达式串联起来的作用。

例：a=4*5,a*5,a+10

求解过程：先计算 4*5，将值 20 赋给 a，然后计算 a*5 的值为 100，最后计算 a+10 的值为 30，所以整个逗号表达式的值为 110。

需要注意的是，并不是在任何地方出现的逗号都是作为逗号运算符。很多情况下，逗号仅作为分隔符，如变量之间、函数参数之间等都是用逗号作为分隔符的，如：

```
int a,b,c;
printf("%d%d%d",a,b,c);
```

2.3 基本输入/输出函数

C 语言没有提供专门的数据输入/输出语句，输入/输出是用 C 系统提供的内部函数实现的，常用的输入/输出函数有以下几种。

putchar()：把变量中的一个字符常量输出到显示器屏幕上；

getchar()：从键盘上输入一个字符常量，此常量就是该函数的值；

printf()：把变量中的各类数据，加以格式控制输出到显示器屏幕上；

scanf()：从键盘上输入各类数据，并存放到程序的变量中；

puts()：把数组变量中的一个字符串常量输出到显示器屏幕上；

gets()：从键盘上输入一个字符串常量并放到程序的数组中。

这些函数称为"标准输入/输出函数"，它们把键盘作为标准的输入设备，把显示器作为输出设备，使用输入/输出函数时要在文件的开始添加如下宏定义：

```
#include <stdio.h>
```

本节重点介绍前 4 个常用输入/输出函数。

2.3.1　字符输出函数 putchar()

putchar()函数的作用是从标准输出设备（一般是用户终端）上输出一个字符，如：

```
putchar(k);
```

它输出字符变量 k 的值，k 可以是字符型变量或整型变量。

【例 2–7】输出单个字符。

```
   #include <stdio.h>
   main()
  {
char a,b,c,d;
a='G';
b='o';
c=111;
d='d';
putchar(a);putchar(b); putchar(c);putchar(d);
}
```

运行结果如下：

```
     Good
```

也可以输出转义字符，如 putchar('\n')；输出一个换行符，使输出的当前位置移到下一行的开头，如果将上面程序改为：

```
   #include <stdio.h>
   main()
  {
char a,b,c,d;
a='G';
b='o';
c=111;
d='d';
putchar(a); putchar('\n');putchar(b); putchar(c);putchar(d);
}
```

则输出结果如下：

```
   G
   ood
```

说明：

（1）putchar 函数只能用于单个字符的输出，一次只能输出一个字符。

（2）putchar 函数使用时，必须在程序开头加上编译预处理命令#include <stdio.h>。

2.3.2 字符输入函数 getchar()

getchar()函数的作用是从标准输入设备（一般是用户终端）上读入一个字符，其函数的值就是从输入设备上得到的字符。

getchar 函数没有参数，它的一般形式如下：

```
getchar();
```

【例 2–8】 输入单个字符。

```
#include <stdio.h>
main()
{
char c;
c=getchar();
putchar(c);
}
```

在运行的时候，先从键盘上输入单个字符，并按回车键，就可以在屏幕上看到输出的字符。

```
x↙                    （输入 x 后，按回车键，字符才被送到内存中，赋给变量 c）
x                     （输出变量 c 的值）
```

说明：

（1）getchar 函数只能用于单个字符的输入，一次只能输入一个字符。

（2）getchar 函数使用时，必须在程序开头加上预处理命令#include <stdio.h>。

2.3.3 格式输出函数 printf()

printf()函数的作用是把数据按指定格式输出到计算机终端。

1. printf()函数的一般形式

```
printf("格式控制", 输出表列);
```

如：`printf("a=%d,b=%f,c=%c\n",a,b,c);`

（1）格式控制。格式控制是用双引号括起来的字符串，也称“转换控制字符串”，它包含以下两部分信息。

格式说明：由“%”和格式字符组成，如%d，%f，%c 等，它的作用是将输出的数据转换为指定的格式输出，格式说明总是由“%”字符开始的；

普通字符：需要原样输出的字符，例如，上面 printf 函数中双引号内的除了%d%f%c 以外的字符，换行符也是普通字符，作用就是换行。

（2）输出表列。就是需要输出的一些数据，也可以是表达式。如果在函数中需要输出多个变量或表达式的值，则各变量名或表达式之间用逗号隔开。

像上例中如果 a，b，c 的值分别为 1，2.1，'D'，那么在显示器上就会这样输出：

```
a=1,b=2.1,c=D
```

2. 格式说明符

格式说明符由下列形式组成：

% <格式字符>

其中“%”是格式标识符，格式字符用来说明表示输出的格式，常用的格式字符如表 2–8 所示。

表 2–8 格式字符及其功能

格式字符	功能说明
d	以带符号的十进制形式输出整数（正数不输出符号）
o	以八进制无符号形式输出整数（不输出前导符 0）
x	以十六进制无符号形式输出整数（不输出前导符 0x）
u	以无符号十进制形式输出整数
c	以字符形式输出，只输出一个字符
s	输出多个字符，也就是一个字符串
f	以小数形式输出实数（输出 6 位小数）
e	以标准指数形式输出实数，数字部分小数位为 6 位
g	选用%f 或%e 格式中输出宽度较短的一种格式，不输出无意义的 0

【例 2–9】数据的输出。

```
#include <stdio.h>
main()
{
unsigned int a=65535;
int b=-2;
char c=98;
printf("a=%d,%o,%x,%u\n",a,a,a,a);
printf("b=%d,%o,%x,%u\n",b,b,b,b);
printf("c=%d,%u,%c,%x\n",c,c,c,c);
}
```

运行结果如下：

```
a=-1,177777,ffff,65535
b=-2,177776,fffe,65534
c=98,98,b,62
```

注意：

（1）o 格式符和 x 格式符也是做的无符号数的输出，所以将内存中的符号位也一起作为八进制或十六进制的一部分输出。所以最终会出现上面的结果。

（2）一个整数，只要它的值在 0～255 范围内，也可以用字符形式输出，在输出前，系统会将该整数作为 ASC II 码转换成相应的字符；反之，一个字符数据也可以用整数形式输出。

实际输出时，为了使输出的数据排列更美观合理，往往会在“%”和“格式字符”之间插入一些附加的符号，这些符号成为修饰符，如表 2–9 所示。

表 2–9　修饰符及其功能

修饰字符	功能说明
字母 l	用于长整型整数，可加在格式字符 d，o，x，u 前面
m（正整数）	输出数据最小宽度
n（正整数）	对实数，表示输出 n 位小数；对字符串，表示截取的字符个数
–（负号）	输出的数字或字符在域内向左靠

【例 2–10】输出形式举例。

```
#include <stdio.h>
main()
{
int num1=123;
long num2=1234567;
float real=123.4567;
printf("%d,%6d,%-6d,%2d\n",num1,num1,num1,num1);
printf("%ld,%8ld,%4ld\n",num2,num2,num2);
printf("%f,%10f,%10.2f,%-10.2f\n",real,real,real,real);
printf("%s,%10.5s,%-10.5s\n","student","student","student");
}
```

运行结果如下：

```
    123,123,123,123
    1234567,1234567,1234567
    123.456703,123.456703,    123.46,123.46
    student,     stude,stude
```

2.3.4　格式输入函数 scanf()

scanf()函数的作用是接收从键盘上输入的数据，输入的数据可以是整型、实型、字符型等，并把接收到的这些数据赋给相应的变量。

1. scanf()函数的一般形式

scanf（"格式控制"，地址表列）；

其中：

（1）格式控制含义同 printf 函数，用于控制以什么格式输入数据；

（2）地址表列用于指定存放数据的变量的地址，如果给多个变量输入数据，则各变量的地址之间要用逗号隔开。变量的地址表示的是&变量名，“&”是“地址运算符”，如&x 表示 x 在内存中的地址。

2. 格式说明

与 printf 函数中的格式说明相似，以%开始，以一个格式字符结束，中间可以插入附加的字符。

在使用 scanf 函数时，注意以下几点。

（1）scanf 函数中的“格式控制串”后面必须是变量的地址，而不应是变量名。例如，如果 m 和 n 为整型变量，则

```
scanf("%d%d",m,n);
```

这种格式是错误的，应将“m，n”改为“&m，&n”，这是 C 语言中的规定，必须这样写。

（2）如果在“格式控制串”中除了格式说明符以外还有其他字符，则在输入数据时应输入与这些字符相同的字符，如：

```
scanf("%d,%d",&m,&n);
```

输入时应使用以下形式：

```
123,118↙
```

因为在 scanf 函数的“格式控制串”中使用了逗号分隔，所以必须在 123 后面加一个“,”，使其与之对应。否则，将输出错误结果。

（3）从键盘输入的数据类型与个数必须与参数表中相匹配，如：

```
scanf("%d,%d",&m,&n);
```

输入数据时的形式：

123，11.8↙（这是错误的，因为数据类型不匹配）

123，118，166↙（这也是错误的，因为数据个数不匹配）

123，118↙（这是正确的输入形式）

（4）可以指定输入数据所占列数，系统自动按它截取所需数据。如：

```
scanf("%3d%3d",&m,&n);
```

如果输入 123118↙，系统自动将 123 赋给变量 m，将 118 赋给变量 n。

（5）“%”后面的“*”附加说明符，用来表示跳过它相应的数据。如：

```
scanf("%3d %*3d %2d",&m,&n);
```

如果输入如下数据：

```
113 118 69↙
```

系统自动将 113 赋给变量 m，将 69 赋给变量 n，中间的数据“118”被跳过不赋给任何变量。在利用一批现成的数据时，有时不需要其中的某些数据，可以使用该方法将其“跳过”。

（6）输入数据时不能规定精度。如：

```
scanf("%7.3f",&m);
```

这是不合法的，不能企图输入以下信息而使 m 的值为 1 234.567。

即 1234567↙

（7）scanf("%d%d%d",&a,&b,&c)中“%d%d%d”表示按十进制整数形式输入数据，输入数据时，在两个数据之间以一个或多个空格间隔，也可以用回车键、跳格键 tab 键，下面输入都合法：

① 1 2　　3↙

② 1↙
　2　　3

③ 1（按 tab 键）2↙
　　3

2.4　实训案例

一、实训目的

1. 掌握数据的输入与输出操作。

2. 通过编写简单的C程序，了解C程序的编写方法和特点。

二、实训内容和要求

1. 写出程序的输出结果，分析结果并上机验证。

```
#include <stdio.h>
main()
{
  char c1='a',c2='b',c3='c',c4='\101',c5='\116';
  printf("a%c b%c\tc%c\tabc\n",c1,c2,c3);
  printf("\t\b%c %c",c4,c5);
}
```

2. 在下面给出的程序中补充适当语句（不能改变原来语句），使程序输出“GOOD”。

```
#include <stdio.h>
main()
{char a,b,c,d;
a='g';
b='o';
c='o';
d='d';
printf("%c%c%c%c\n",a,b,c,d);
}
```

3. 由键盘输入4个学生的成绩，计算他们的平均分并保留两位小数。

三、实训程序参考源代码

1.

```
#include <stdio.h>
main()
{char a,b,c,d;
a='g';a-=32;
b='o';b-=32;
c='o';c-=32;
d='d';d-=32;
printf("%c%c%c%c\n",a,b,c,d);
}
```

2.

```
#include <stdio.h>
main()
{int a,b,c,d;
 float aver;
 printf("Please input score:");
 scanf("%d%d%d%d",&a,&b,&c,&d);
 aver=(a+b+c+d)/4.0;
 printf("aver:%6.2f",aver);
}
```

2.5 习　题

1. 在 C 语言中，字符型数据在内存中以__________形式存放。

2. 在下面给出的数中，错误的是__________，在正确数字中整数有__________，实数有__________。

6632　0938　–7.0　241　7f　4.2e15　e–12　8L　4e5　25.

3. 若 int x=1,y=2;则表达式 1.0+x/y 的值是__________。

4. 若有以下定义，则计算表达式 y+=y–=m*=y 后 y 的值是______。

```
int m=5,y=2;
```

5. 在 C 语言中，int，char 和 short 3 种类型数据所占用的内存______。

A. 均为 2 个字节　　B. 由用户自定义

C. 是任意的　　D. 由所用机器的机器字长决定

6. C 语言中的标识符只能由字母、数字和下划线组成且第一个字符______。

A. 必须为字母或下划线　　B. 必须为下划线

C. 必须为字母　　D. 可以是字母、数字或下划线中的任一种

7. "Aa"在内存中占用的字节数是______。

A. 1　　B. 2　　C. 3　　D. 4

8. 以下叙述不正确的是______。

A. 在 C 程序中，逗号运算符的优先级最低

B. 在 C 程序中，APH 和 aph 是两个不同的变量

C. 若 a 和 b 类型相同，在计算了赋值表达式 a=b 后 b 中的值将放入 a 中，而 b 中的值不变

D. 当从键盘输入数据时，对于整型变量只能输入整型数值，对于实型变量只能输入实型数值

9. 若有以下类型说明语句：

char w;int x;float y;double z;则表达式 w*x+y–z 的结果为______类型。

A. float　　B. char　　C. double　　D. int

10. putchar 函数可以向终端输出一个______。

A. 字符或字符变量的值　　B. 字符串

C. 实型变量值　　D. 整型变量的值

11. 下列叙述中正确的是______。

A. 赋值语句中的“=”是表示左边变量等于右边表达式

B. 赋值语句中左边变量的值不一定等于右边表达式的值

C. 赋值语句是由赋值表达式加上分号构成的

D. x+=y;不是赋值语句

12. 指出下列哪一项是正确的______。

A. printf(%d%d,10,15);

B. printf("%s",'a');

C. printf("%c",'hello');

D. 为变量 real 输入一个 double 类型的数据：scanf("%f",&real);

13. 以下说法正确的是______。

A. 输入项可以为一个实型常量，如 scanf("%f",3.5);

B. 只有格式控制，没有输入项，也能进行正确输入，如 scanf("a=%d,b=%d");

C. 当输入一个实型数据时，格式控制部分应规定小数点后的位数，如 scanf("%4.2f",&f);

D. 当输入数据时，必须指明变量的地址，如 scanf("%f",&f);

14. 若有说明语句：char c='\72';则变量 c______。

A. 包含 1 个字符　　B. 包含 2 个字符

C. 包含 3 个字符　　D. 说明不合法，c 的值不确定

15. 已知字母 A 的 ASC II 码为十进制数 65，且 c2 为字符型，则执行语句 c2='A'+'6'−'3';后，c2 中的值为______。

A. D　　B. 68　　C. 不确定的值　　D. C

16. 在 C 语言中，要求运算数必须是整型的运算符是______。

A. /　　B. ++　　C. !=　　D. %

17. 设以下变量均为 int 类型，则值不等于 7 的表达式是______。

A. (x=y=6,x+y,x+1)　　B. (x=y=6,x+y,y+1)

C. (x=6,x+1,y=6,x+y)　　D. (y=6,y+1,x=y,x+1)

18. 设 x、y 和 z 均为 int 型变量，则执行语句 x=(y=(z=10)+5)−5;后，x、y、z 的值分别是______。

A. x=10　y=15　z=10　　B. x=10　y=10　z=10

C. x=10　y=10　z=15　　D. x=10　y=5　z=10

第 3 章 结构化程序设计基础

第 2 章中介绍了程序设计中用到的一些基本要素（常量、变量、运算符、表达式等），它们是构成程序的基本成分。而程序设计本身是为了实现人与计算机间的信息交流，完成某项任务编写的程序指令的集合，因此还需要学习一些程序设计的思想、方法及工具。通过本章的学习，大家就能够了解结构化程序设计的思想，掌握结构化程序设计的 3 种基本结构。

3.1 结构化程序设计

3.1.1 结构化程序设计思想

所谓的“结构化”是指用一组标准的准则和工具从事某项工作。而在程序设计中，“结构化”即是用标准的准则和工具来编写程序。

因为在结构化程序设计思想出现以前，每个程序员都按照自己的习惯去编写程序，没有统一的标准，各人编写的程序效率与质量相差很大。而其中最大的问题是程序的可读性和可修改性很差。因此，Bohn 和 Jacopini 1966 年提出了结构化程序设计的理论，也就是近几年来广泛采用的结构化程序设计的方法。该方法使程序结构清晰，增强了可读性，提高了程序代码的质量和执行的效率。

该设计方法提出，结构化程序由若干个基本结构组成，每一个基本结构可以包含一条或若干条语句。其中基本结构共有以下 3 种。

（1）顺序结构，该结构先执行 A 操作，再执行 B 操作，两者是顺序执行的关系，如图 3–1 所示。

（2）选择结构，该结构中 P 代表一个条件，当 P 条件成立时执行 A，否则执行 B。要注意，只能执行 A 或 B 之一，如图 3–2 所示。

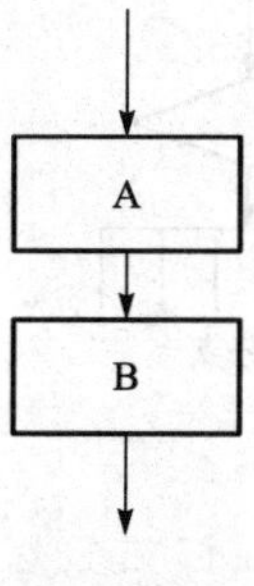

图 3–1 顺序结构

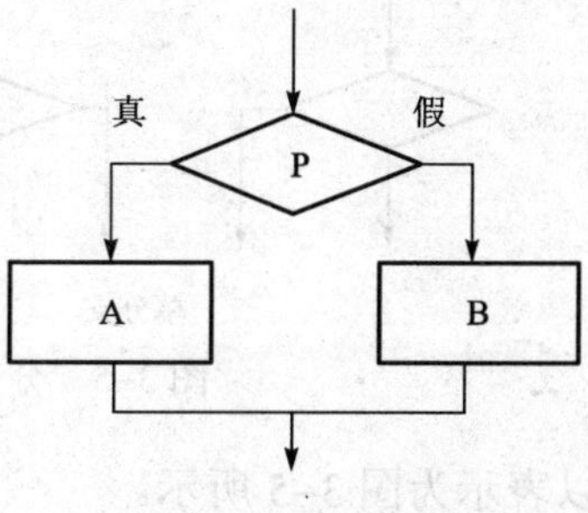

图 3–2 选择结构

（3）循环结构，该结构有以下两种形式。

①“当型”循环结构。当 P 条件成立时，反复执行 A 操作，直到 P 为“假”时停止循环。如图 3–3 所示。

②“直到型”循环结构，先执行 A 操作，再判断 P 是否为“真”，若 P 为“真”，再执行 A，如此反复，直到 P 为“假”为止。如图 3–4 所示。

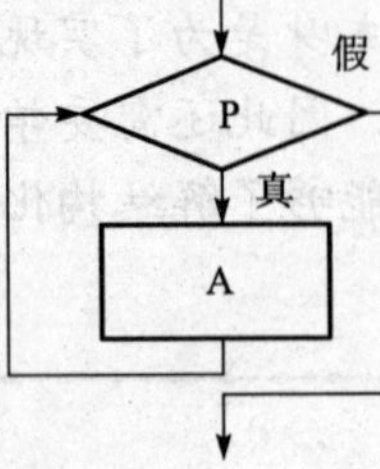

图 3–3 “当型”循环结构

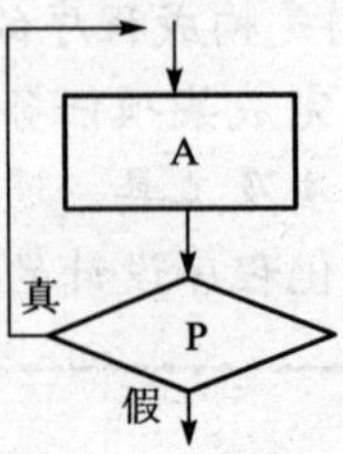

图 3–4 “直到型”循环结构

3.1.2 程序设计的工具

1. 算法

（1）程序。早在 1976 年瑞士计算机科学家 Niklaus Wirth 就提出了一个著名的公式：

程序 = 算法 + 数据结构

他认为“其实，程序就是在数据的某些特定表示方式和结构的基础上对抽象算法的具体描述”。也就是说对于面向过程的 C 程序有两大要素：算法和数据结构。其中数据结构是研究程序中所处理的对象，即数据在计算机中如何被存储以及被处理。

（2）算法。所谓算法，指进行某种操作的方法和步骤。而计算机程序则是用某种程序设计语言描述的解题算法。

2. 程序流程图

程序流程图实际上是使用最广泛的方法，用它来描述算法的主要优点是独立于任何一种程序设计语言，比较直观、清晰、易于学习掌握。

（1）流程图符号。流程图主要由代表程序指令的各种符号组成，我国国家标准信息处理流程图形符号 GB 1526—79 见附录 A。

（2）流程图的应用。流程图的一般使用如图 3–5 所示。

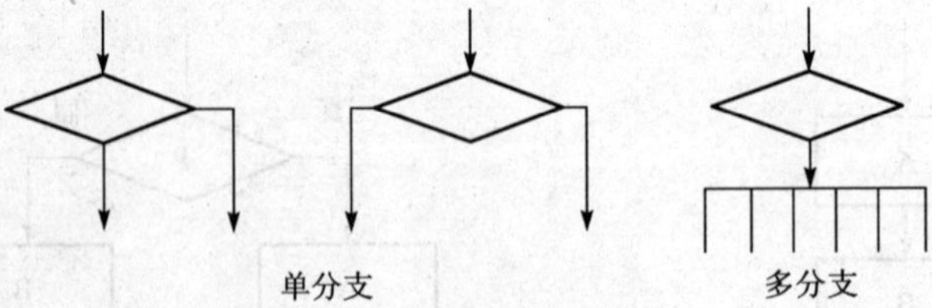

图 3–5 分支符号表示法

分支符号可以表示为图 3–5 所示。

流程一般是自下而上，自右而左，否则要用箭头表示流向，一般都可以用箭头表示流向。图形符号大小、比例要适当。

3.2　顺序结构程序设计

顺序结构是结构化程序设计中最简单、最常见的一种程序设计结构。在顺序结构程序中，程序的执行是按照各语句出现的先后次序顺序执行的，并且每条语句都会被执行到。

3.2.1　顺序结构程序设计的思想

【例 3–1】已知某商场营业员工资的计算方法是每月 300 元的基本工资加该月总销售额的 8.5%提成。要求输入某营业员的月总销售额，能够计算并显示该营业员的月收入。

问题分析：设月总销售额为 sale，月收入为 salary。

则 salary=300+sale*8.5%。

解决该问题的算法用传统的流程图如图 3–6 所示。

从图中可以看出，顺序结构程序通常由 3 个部分组成。

（1）输入数据：计算机要能进行运算，首先必须有原始数据，即计算机进行运算的对象。

（2）进行处理：在原始数据输入到计算机的基础上，根据问题的需要进行相应的运算处理。

（3）输出结果：使用计算机进行运算处理的目的就在于得到相应的结果，因此，必须将运算处理的结果通过相应的输出设备输出来。

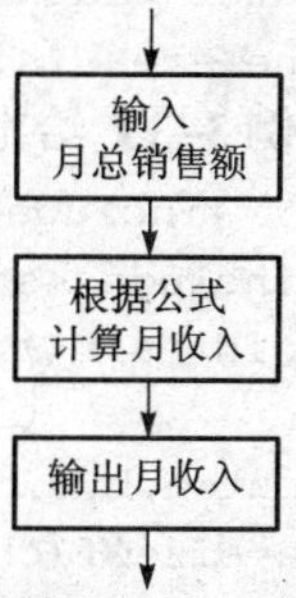

图 3–6　顺序结构流程图

3.2.2　顺序结构程序设计举例

在第 2 章中已经学习了顺序结构程序中通常使用的语句：输入数据函数调用语句（getchar、scanf）（用户实现数据输入）、赋值语句（用于实现运算处理或数据输入）、输出数据函数调用语句（putchar、printf）（用于实现数据输出）等。在此基础上已经可以进行简单的顺序结构程序设计。

以下是例 3–1 的具体实现。

问题分析：设总销售额为 sale，月收入为 salary，则 salary=300+sale*8.5%。

程序如下：

```
main()
{
float m,salary;
 printf("Enter total sales:");            /*输入提示信息*/
 scanf("%f",&m);                          /*输入月总销售额*/
 salary=300+m*0.085;                      /*计算月收入*/
 printf("salary is:%5.2f\n",salary);
}
```

运行结果如下：

```
Enter  total  sales:2000↙
Salary  is:470.00
```

【例 3–2】输入三角形的底和高，计算其面积。

问题分析：设面积为 area，底为 width，高为 height，则 area=(width*height)/2.0。

程序如下：

```
main()
{
float width,height,area;
 printf("Enter width and height:");
 scanf("%f,%f",&width,&height);
 area=(width*height)/2.0;
 printf("The area is:%f\n",area);
}
```

运行结果如下：

```
Enter width and height:2,4↙
The area is:4.000000
```

【例 3–3】给出下面程序的输出结果。

```
   #include <stdio.h>
#include <string.h>
void main()
{
 int a,b,c,d;
 a=sizeof(char);
 b=sizeof(int);
 c=sizeof(float);
 d=sizeof(double);
 printf("\n%d %d %d %d",a,b,c,d);
}
```

运行结果如下：

```
1 2 4 8
```

说明：sizeof 是“求字节数运算符”，所以在 TC 上运行，它的结果是“1 2 4 8”。

3.3 选择结构程序设计

3.3.1 选择结构程序设计的思想

顺序结构程序的流程方向总是自上而下、顺序执行的。而在实际应用中常常需要根据不同的条件，选择不同的解决方法，这就形成了所谓的“选择”结构。在介绍结构化程序设计思想的时候已经提到了选择结构，它也是 3 种基本结构之一，它的作用是根据是否满足指定的条件，从给定的操作中选择其一。实际应用中大多数程序都会包含选择结构，因此本节将介绍如何用 C 语言来实现选择结构。

3.3.2 关系运算和逻辑运算

既然是根据是否满足条件来选择处理问题的方法，那么在选择结构程序设计中首先要考虑的问题就是判断条件，并由此决定程序流程的走向。

在 C 语言中，一般用关系表达式或逻辑表达式构成判断条件。

1. 关系运算符与关系表达式

关系运算是逻辑运算中比较简单的一种。所谓“关系运算”实际上是“比较运算”，即对两个运算量进行大小关系的比较。例如，“b>9”是一个关系表达式，“>”是一个关系运算符，将 b 和 9 进行比较，判断其比较的结果是否满足条件。如果 b 为 14，满足给定“b>9”的条件，则关系表达式的值为“真”；如果 b 为 3，不满足给定的条件，则关系表达式的值为“假”。

（1）关系运算符及优先顺序。C 语言提供 6 种关系运算符，如表 3–1 所示。

表 3–1　关系运算符及优先关系

运算符	名称	举例	关系	优先级	
>	大于	a>b	a 大于 b	同级	高 ↓ 低
>=	大于等于	a>=b	a 大于等于 b		
<	小于	a<b	a 小于 b		
<=	小于等于	a<=b	a 小于等于 b		
==	等于	a= =b	a 等于 b	同级	
!=	不等于	a!=b	a 不等于 b		

说明：

关系运算符>=、<=、==、!=在书写时，不要用空格将其分开，否则会产生语法错误。

（2）关系表达式。用关系运算符将两个表达式连接起来，表示关系运算的表达式称为关系表达式。如：a>b，(b=3)>(c=5)，'a'<'b'，a+b>=9，x!=y 都是合法的关系表达式。

关系表达式的值是一个逻辑值，只有两种情况：当关系成立时，表达式的结果值为 1（表示“真”）；当关系不成立时，则表达式的结果值为 0（表示“假”）。C 语言中没有逻辑型数据，以“1”代表“真”，以“0”代表“假”。

如：

```
a=1, b=2, c=0,
```

则：

“a>b”的值为“假”，表达式的值为 0。

“(a>b)==c”的值为“真”，表达式的值为 1。因为 a>b 的值为 0，等于 c 的值。

如有赋值表达式“f=a>b>c”，则 f 的值为 0。因为“>”运算符是自左至右的结合方向，先执行“a>b”得值为 0，再执行关系运算“0>c”，结果为 0，赋给 f。

2. 逻辑运算符与逻辑表达式

关系表达式构成的条件一般只能实现简单的判断，如果需要实现如：“x>='a'”并且“x<='b'”这样复合判断条件时，就必须采用逻辑运算符将若干个关系表达式组合起来，构成复合的判断条件——逻辑表达式。

（1）逻辑运算符及优先顺序。C 语言中提供 3 种逻辑运算符，如表 3–2 所示。

表 3–2　逻辑运算符及优先顺序

运算符	名称	举例	逻辑运算	优先级
!	逻辑非	! a	非 a	高
&&	逻辑与	a&&b	a 与 b	↓
||	逻辑或	a||b	a 或 b	低

说明：

“&&”和“||”是双目运算符，要求有两个运算量（操作数）。“!”是单目运算符，只要求有一个运算量。

逻辑运算符与其他种类的运算符相比，其优先关系从高到低如下：

!（逻辑非）→算术运算→关系运算→&&（逻辑与）→||（逻辑或）→赋值运算

如：c=a>b&&x>y　相当于：c=((a>b)&&(x>y))

此外，就运算时的结合性而言，“&&”和“||”自左而右，“!”自右而左。

表 3–3 为逻辑运算的“真值表”，用它表示当 a 和 b 的值为不同组合时，各种逻辑运算所得到的值。

表 3–3　真值表

a	b	!a	!b	a&&b	a||b
真（非 0）	真（非 0）	假（0）	假（0）	真（1）	真（1）
真（非 0）	假（0）	假（0）	真（1）	假（0）	真（1）
假（0）	真（非 0）	真（1）	假（0）	假（0）	真（1）
假（0）	假（0）	真（1）	真（1）	假（0）	假（0）

从表 3–3 中可以看出逻辑运算符的运算规则如下。

&&：当且仅当两个运算量均为非 0 时，其运算结果值为 1，其余情况均为 0。

||：当且仅当两个运算量均为 0 时，其运算结果值为 0，其余情况均为 1。

!：当运算量的值为 0 时，运算结果为 1；当运算量的值为 1 时，运算结果为 0。

（2）逻辑表达式。用逻辑运算符将运算量连接起来的表达式称为逻辑表达式，其值是一个逻辑值，即为“真”或“假”，这里的运算量通常是关系表达式或逻辑量。C 语言编译系统在给出逻辑运算结果时，以数值 1 代表“真”，以数值 0 代表“假”，但在判断一个量是否为“真”时，以 0 代表“假”，以非 0 代表“真”，即将一个非零的数值认作为“真”。

如：

表示“数学（math）、英语（engl）、政治（phys）三门课的成绩均为及格”的逻辑表达式为 `(math>=60)&&(engl>=60)&&(phys>=60)`

表示“数学（math）、英语（engl）、政治（phys）三门课的成绩中至少有一门不及格”的逻辑表达式为 `(math<60)||(engl<60)||(phys<60)`

需要注意的是，在逻辑表达式的求解过程中，并不是所有的逻辑运算符都被执行，只是在必须执行下一个逻辑运算符才能求出表达式的解时，才执行该运算符。如：

a&&b&&c，只有当 a 为真（非 0）时，才需要判别 b、c 的值；只有当 a 和 b 都为真时，才需要判别 c 的值。只要 a 为假（0），就不必判别 b 和 c，此时表达式的值已经可以确定为假（0）。

a||b||c，只要 a 为真（非 0），就不再判断或计算 b 和 c 的值，此时表达式的值已经可以确定为真（1）。

也就是说，对“&&”运算符来说，只有 a≠0，才继续进行右边的运算；对“||”运算符来说，只有 a=0，才继续进行右边的运算。

因此，请读者注意，如果有下面的逻辑表达式：(m=a>b) && (n=c>d)

当 a=0，b=1，c=2，d=3，m 和 n 的初始值为 1，由于“a>b”的值为 0，得到 m=0，根据运算符“&&”的特点，已经能够得到上述表达式的值为 0，而“n=c>d”没有被执行，所以 n 的值仍为 1。

通过上面的例子可以看出，在使用运算符“&&”的表达式中，把最可能为假的条件放在最左边；在使用运算符“||”的表达式中，把最可能为真的条件放在最左边。这样能减少程序的运行时间。

3.3.3　选择结构程序设计

在 C 语言中，选择结构主要由 if 语句和 switch 语句构成，常见的选择结构形式有简单选择、多路选择等。

1. if 语句

if 语句是用来判定所给定的条件是否满足，根据判定的结果决定执行给定的两种操作之一。

（1）if 语句的简单形式。

简单形式：

if（表达式）语句；

该语句的执行过程如图 3–7 所示：先判定或计算表达式的值，若结果为“真”（非 0），则执行指定的语句，否则跳出该语句，接着执行下面的语句

如：if(x>y)printf("%d",x);

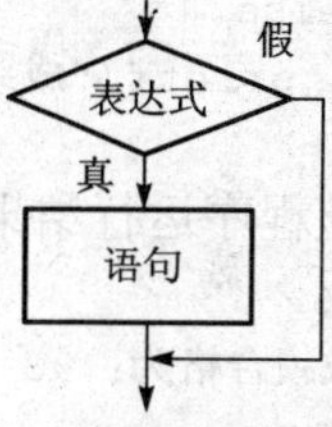

图 3–7　if 语句简单形式

【例 3–4】从键盘上输入一个成绩，判断是否大于或等于 60 分，若是，则输出“成绩合格为：”，否则不输出。

程序实现：

```
#include <stdio.h>
main()
{
int score;
 scanf("%d",&score);
 if(score>=60)
   printf("成绩合格为:%d\n",score);
}
```

该程序运行结果如下：

```
96↙
成绩合格为：96
50↙
（屏幕上无内容输出）
```

(2) if语句的标准形式。

标准形式:

```
if(表达式)
   语句 1;
else
    语句 2;
```

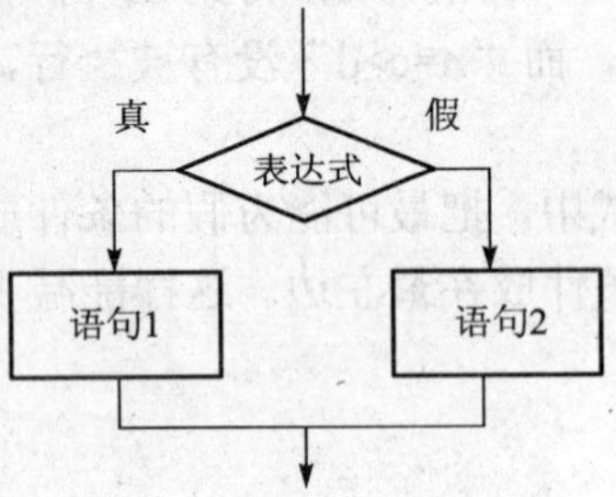

图 3–8 if语句标准形式

该语句的执行过程如图 3–8 所示。先判定或计算表达式的值，若结果为“真”(非 0)，执行语句 1，否则执行语句 2。

如:
```
if(x>y)
printf("%d",x);
  else
        printf("%d",y);
```

【例 3-5】从键盘上输入一个成绩，判断是否大于或等于 60 分，若是则输出“成绩合格为:”，否则输出“成绩不合格为:”。

程序实现:

```
#include <stdio.h>
main()
{
int score;
 scanf("%d",&score);
 if(score>=60)
   printf("成绩合格为:%d\n",score);
 else
   printf("成绩不合格为: %d\n",score);
}
```

该程序运行结果如下:

```
96↙
成绩合格为: 96
50↙
成绩不合格为: 50
```

(3) if语句的嵌套形式。所谓 if语句的嵌套是指在 if语句中又包含了一个或多个 if语句。嵌套的目的是为了解决多路选择的问题，因为在实际应用中，由于问题的复杂性，有时需要将 if语句嵌套在 if…else 结构中。

嵌套形式:

```
if (表达式 1)
   语句 1;
else  if (表达式 2)
          语句 2;
     else  if (表达式 3)
                 语句 3;
             …
                 else if (表达式 n)
                        语句 n;
```

```
        else
           语句 n+1;
```

嵌套语句的执行如图 3–9 所示：先判定或计算表达式 1 的值，若结果为真，执行语句 1；若结果为假，则判定表达式 2，若结果为真，执行语句 2，若结果为假，继续判定表达式 3……

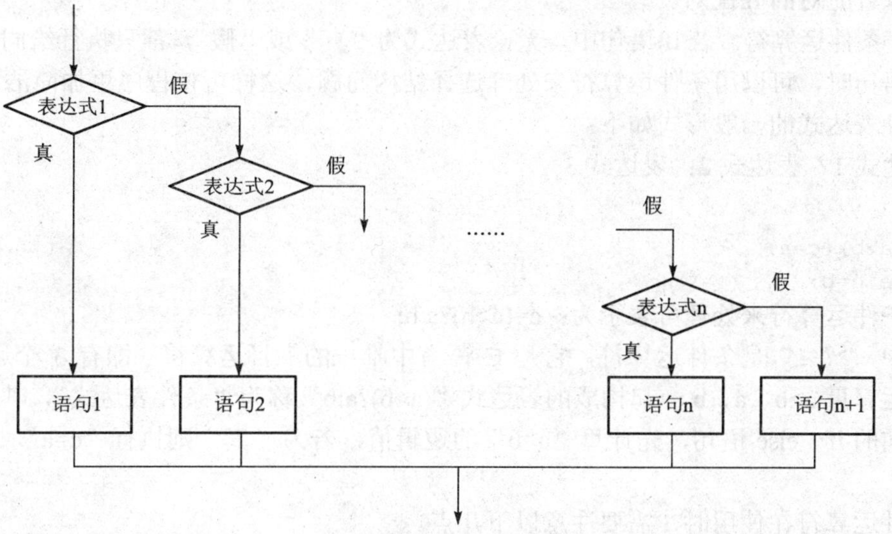

图 3–9　if 语句的嵌套形式

从图中可以看出，这种嵌套的 if 语句结构实现了多路选择：在整个语句流程中，依次判定表达式的值，并根据判定结果选择相应的操作。

但这样一来往往会搞错 if 和 else 的配对情况，因此嵌套的 if 语句很容易出错。所以在使用 if 语句的嵌套形式中，建议大家将配对的 if…else 结构上下对齐书写，不同层次的 if…else 结构按层次缩进，这样的结构能够很清楚地看出 if 与 else 的配对情况。

关于 if 语句，还有以下几点需要加以说明。

3 种形式的 if 语句中 if 后面的表达式一般为逻辑表达式或关系表达式。由于 if 语句处理的流程是先判断，然后根据判断得到的逻辑值真假，选择相应的操作。

因此如果有以下 if 语句：

```
if(4) printf("*");
```

也是合法的，执行的结果输出“*”，因为表达式的值为 4（非零），按“真”处理。由此可见，表达式的类型不限于逻辑表达式，可以是任意的数据类型（包括整型、实型、字符型、指针类型）。

标准和嵌套形式的 if 语句中，在每个 else 前面都有一个分号，整个语句结束处有一个分号。

如：
```
if(x>y)
   printf("%d",x);
else
   printf("%d",y);
```

如果没有这两个分号，会出现语法错误。但应当注意的是，if、else 都属于同一个 if

语句，else 子句不能作为语句单独使用，必须是 if 语句的一部分，与 if 配对使用。

if 或 else 后面可以只含一个语句，也可以有多个操作语句，这时要用花括号{}将这些多个语句括起来成为一个复合语句使用。

如：`if(x>y){t=x;x=y;y=t;}`

在 if 语句的嵌套中，注意 if 和 else 的配对关系。从最内层开始，else 总是与它上面最近的且未曾配对的 if 配对。

（4）条件运算符。若 if 语句中，无论表达式为“真”或“假”，都只执行给同一个变量赋值的语句时，可以用条件运算符来处理选择结构问题，这样可使程序更加简洁。

条件表达式的一般形式如下：

表达式 1？表达式 2：表达式 3

如：

```
if(a>b) c=a;
else c=b;
```

用条件运算符来处理可表示为：c=(a>b)?a:b;

其中，“？：”是条件运算符，它是 C 语言中唯一的三目运算符（即有 3 个运算量）。由它与运算量 a>b、a、b 一起构成的表达式“(a>b)?a:b”称为“条件表达式”，其运算的规则同上面的 if…else 语句，先计算“a>b”的逻辑值，若为“真”则执行“c=a”，否则执行“c=b”。

条件运算符在使用时，需要注意以下几点。

条件运算符的优先级高于赋值运算符，但低于关系运算符和算术运算符。

如：`a>b?a:b+1` 等价于`(a>b)? a:(b+1)`

条件运算符的结合方向“自右而左”，并允许嵌套使用。

如：`a>b?a:c>d?c:d`　等价于 `a>b?a:(c>d?c:d)`

若其中 a=0，b=2，c=1，d=4，则条件表达式的值等于 4。

在条件表达式中，当表达式 2 和表达式 3 的类型不同时，条件表达式的值的类型为两者中较高的类型。

如：`x>y? 3:4.5`

在第 2 章数据类型部分曾提到过在计算过程中不同数据类型之间的转换，其中如果是实型与整型混合运算，则计算结果向实型转换，说明实型比整型级别高，所以如果 x>y 值为真，原本的表达式结果应为 3，但是由于 4.5 为实型，所以应该将最终的结果 3 转换成实型值 3.0。

条件表达式不能取代一般的 if 语句，只有在 if 语句中内嵌的语句为赋值语句（且两种选择都给同一个变量赋值）时才能代替 if 语句。

如：

```
if(a>b) printf("%d",a);
    else printf("%d",b);
```

上面的 if 语句就无法用一个条件表达式代替，但可以用下面的语句代替：

```
printf("%d",a>b?a:b);
```

2. switch 语句

通常 if 语句只有两个分支供选择，而实际问题中常常需要用到多分支的选择。虽然使用 if 语句的嵌套形式也可以达到多分支选择的目的，但随着问题复杂性的增加，分支越多，嵌套的层次也越多，这必然会导致程序可读性的降低。

因此，C 语言中提供了 switch 来直接处理多分支选择。

一般形式如下：

```
switch（表达式）
 {
case  常量表达式 1：语句组 1；
case  常量表达式 2：语句组 2；
…
case  常量表达式 n：语句组 n；
default：语句组 n+1；
}
```

【例 3-6】要求根据给定的成绩，输出相应的等级。90 分以上输出“Very good”，80～89 分输出“Good”，60～79 分输出“Passed”，60 分以下输出“Failed”（用 switch 语句来实现）。

算法分析：

```
mark=score/10;
switch(mark)
 {case 10:
  case  9:printf("Very good\n");break;
  case  8:printf("Good\n");break;
  case  7:
  case  6:printf("Passed\n");break;
  case  5:
  case  4:
  case  3:
  case  2:
  case  1:
  case  0:printf("Failed\n");break;
  default:printf("Enter  error!\n");
 }
```

switch 结构使用时需要注意以下几点。

（1）switch 后面括号内的表达式一般为整型、字符型或枚举类型（此类型将在后面的章节中介绍）。

（2）每个 case 后面的常量表达式的值必须互不相同，否则会出现相互矛盾的现象（对表达式的同一个值，有两种或多种执行方案）。

（3）尽管各个 case 和 default 的出现次序不影响执行结果，但是把 default 放在最后是一种良好的程序设计习惯。

（4）多个 case 可共用一组执行语句。

如：
```
case 10:
case  9:printf("Very good\n");break;
```

当 mark 的值为 10 或 9 时，都执行“printf("Very good\n");break;”语句。

（5）case 后面的常量表达式仅起到语句标号的作用，并不进行条件判断，系统一旦找到入口编号，就从此标号开始执行下去，不再进行判断。因此在执行一个 case 分支后，可以用一个 break 语句来使流程跳出 switch 结构，以此来终止 switch 语句的执行。

3. 选择结构程序举例

【例 3–7】输入两个整数，比较大小，输出其中的大数。

程序实现：

```
#include <stdio.h>
main()
{
int a,b;
 scanf("%d,%d",&a,&b);
 if(a>b)
printf("max=%d",a);
 else
printf("max=%d",b);
 }
```

【例 3–8】输入 3 个整数，按从小到大的顺序输出这 3 个数。

程序实现：

```
#include <stdio.h>
main()
{
int a,b,c,t;
 printf("Enter a,b,c:")
 scanf("%d,%d,%d",&a,&b,&c);
 if(a>b) {t=a;a=b;b=t;}
 if(a>c) {t=a;a=c;c=t;}
 if(b>c) {t=b;b=c;c=t;}
 printf("%d,%d,%d",a,b,c);
 }
```

【例 3–9】某运输公司按路程对用户计算运费。路程（s）越远，每公里运费越低。标准如下：

s＜150km	没有折扣
150≤s＜300km	1%折扣
300≤s＜600km	3%折扣
600≤s＜1 200 km	6%折扣
1 200≤s	10%折扣

设每公里每吨货物的基本运费为 price，货物重为 weight，路程为 s，折扣为 d，则总运费 f 的计算公式为 f=price*weight*s*(1–d)。

分析问题：此问题很明显是个多分支问题，而在选择结构中，解决多分支问题的方法可以有两种。其一，if 语句的嵌套结构；其二，switch 结构。

方法一：嵌套的 if 结构实现。

```
main()
 {
float price,weight,d,f;
   int s;
```

```
  printf("Enter price,weight,s:");
  scanf("%f,%f,%d",&price,&weight,&s);
  if(s<150)d=0;
  else if(s<300)d=1;
       else if(s<600)d=3;
            else if(s<1200)d=6;
                 else d=10;
  f=price*weight*s*(1-d/100);
  printf("f=%15.2f\n",f);
}
```

该程序运行结果如下：

```
Enter  price,weight,s:100,600,1000
f=56400000.00
```

方法二：用 switch 结构实现。

通过分析，可以看出题目中折扣的变化是有规律的：路程的变化点都是 150 的倍数（150、300、600、1 200）。因此，可设置 mark 标记变量：mark=s/150，根据 mark 的值来确定相应的折扣。

```
main()
 {
float price,weight,d,f;
  int s,mark;
  printf("Enter price,weight,s:");
  scanf("%f,%f,%d",&price,&weight,&s);
  mark=s/150;
  switch(mark)
  {
   case  0:d=0;break;
   case  1:d=1;break;
   case  2:
   case  3:d=3;break;
   case  4:
   case  5:
   case  6:
   case  7:d=6;break;
   default:d=10;break;
   }
   f=price*weight*s*(1-d/100);
   printf("f=%15.2f",f);
 }
```

该程序的运行结果如下：

```
Enter  price,weight,s:100,600,1000
f=56400000.00
```

3.4 循环结构程序设计

3.4.1 循环结构程序设计的思想

在现实生活中往往需要对某一段程序进行反复使用，这就是循环。例如，要输入全校学生的成绩；求若干个数的累加和等，几乎所有实用的程序都包含循环，因此循环结构也作为结构化程序设计的基本结构之一，与顺序结构、选择结构共同作为各种复杂程序的基本构造单元。因此理解循环结构的概念并熟练掌握其使用是程序设计的基本要求，也是学习本节内容的主要目的。

在具体介绍循环结构之前，先来了解一下循环结构中的基本概念和大致构成。

在循环结构中，被重复执行的一组语句称为循环体，每重复一次都必须做出是否继续或停止重复的决定，这个决定所依据的条件称为循环继续的条件。循环体和循环继续的条件一起共同构成了所谓的循环结构。

由此可以看出循环结构程序设计需要考虑两个方面的问题。

（1）循环继续的条件。循环继续的条件是循环结构设计的关键，它决定着循环体重复执行的次数。通常可以利用关系表达式和逻辑表达式来构成。

（2）循环体。循环体即为需要重复执行的一组语句，它可以是顺序结构的语句，也可以是一组具有分支结构的语句，甚至还可以是另一组循环结构的语句。

在下面的内容中将就不同的循环结构语句，结合其特点分别了解循环继续的条件及循环体的具体设置。

3.4.2 循环结构程序设计

C 语言提供了 3 种实现循环结构的语句：while 语句、for 语句和 do…while 语句。一般情况下，3 种循环结构可以互相替代，然而由于它们各自具有不同的特点，在实际应用中，应该根据具体情况，考虑其特点，选择恰当的循环语句。

1. while 语句

while 语句用来实现“当型”循环结构。

其一般形式如下：

```
while (表达式)
{
循环体语句;
}
```

while 语句执行的流程如图 3–10 所示，首先计算表达式（循环继续的条件）的值，若结果为“真”（非零），则执行循环体语句；然后再计算表达式的值，重复上述过程，直到表达式的值为“假”（零）时结束循环，流程控制转向循环结构的下一句语句。

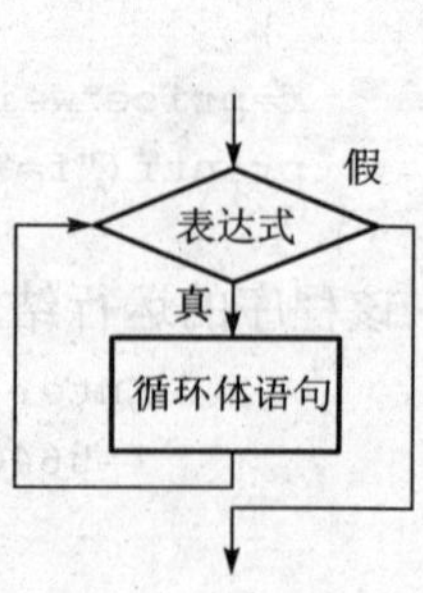

图 3–10 while 循环结构

【例 3–10】求 1 到 100 这一百个自然数的累加和用 while 语句实现。

程序实现：

```
main()
{
int i,sum;
 i=1;sum=0;                      /*循环控制变量 i、累加变量 sum 赋初值*/
while(i<=100)                    /*循环判定条件*/
{
sum+=i; i++;                     /*累加求和、循环控制变量递增*/
}
printf("sum=%d\n",sum);          /*输出运算结果*/
}
```

注意：

（1）while 循环语句的特点是“先判断，后执行”。如果表达式的值一开始就为“假”，则循环体一次也不执行。

（2）为使循环能够正确开始运行，还要做好循环前的准备工作，如给循环控制变量赋初值和对累加求和单元清零。

（3）循环体如果包含一个以上的语句，应该用花括号括起来，以复合语句的形式出现。如果不加花括号，则 while 语句的范围只到 while 后面第一个分号处。

（4）在循环体中一定要有使循环趋向于结束的语句，否则会导致循环永无止境地进行下去，形成“死循环”。

2. do…while 语句

do…while 语句构成的循环结构类似于“直到型”循环，但它循环的继续条件恰好与“直到型”相反。

其一般形式如下：

```
do
{
循环体语句;
}while(表达式);
```

do…while 语句的执行流程如图 3–11 所示，首先执行一次循环体语句，然后计算表达式（循环继续的条件）的值。若结果为“真”（非零），则再次执行循环体，计算表达式的值，如此重复下去，直到表达式的值为“假”（零）时，循环结束，流程控制转到循环结构的下一语句。

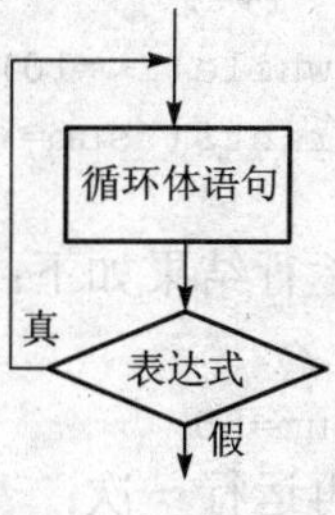

图 3–11　do…while 循环结构

【例 3–11】 求 1 到 100 这一百个自然数的累加和（用 do…while 循环结构实现）的编程，其执行流程如图 3–12 所示。

程序实现：

```
main()
{
int i,sum;
 i=1;sum=0;
do
{ sum+=i;
```

```
  i++;
}while(i<=100);
printf("sum=%d\n",sum);
}
```

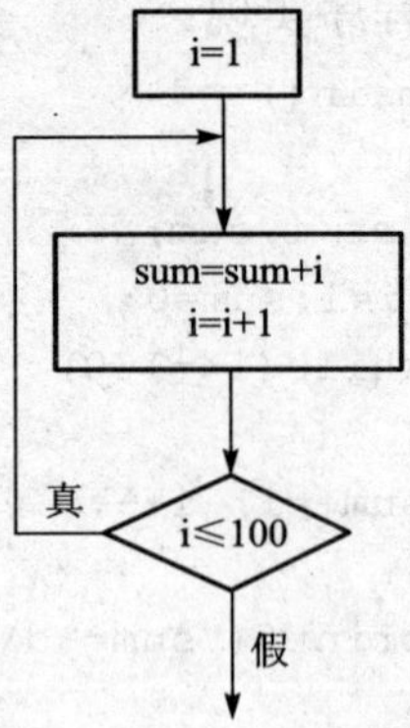

图 3–12　do…while 求累加和

在一般情况下，用 while 语句和 do…while 语句处理同一问题时，若二者的循环体部分是一样的，它们的结果也一样。但如果 while 后面的表达式的值一开始就为“假”（零）时，两种循环的结果是不同的。

【例 3–12】 while 和 do…while 循环的比较。

（1）main()

```
{int sum=0;
 scanf("%d",&i);
 while(i<=10)
  {sum=sum+i;
   i++;
  }
printf("sum=%d",sum);
}
```

运行结果如下：

```
1↙
sum=55
```

再运行一次：

```
11↙
sum=0
```

（2）main()

```
{int sum=0,i;
scanf("%d",&i);
do
{sum=sum+i;
  i++;
}while(i<=10);
printf("sum=%d",sum);
}
```

运行结果如下：

```
1↙
sum=55
```

再运行一次：

```
11↙
sum=11
```

注意：

（1）do…while 循环结构的特点是“先执行，后判断”，因此，无论循环判定条件是否成立，循环体中的语句都至少被执行一次。这是它与 while 循环结构的本质区别；

（2）do…while 循环语句中，do 和 while 是关键字，必须同时出现在程序中；

（3）如果循环体包含一个以上的语句，则应该用花括号括起来，以复合语句的形式出现；

（4）循环体内必须含有使循环趋向于结束的语句。

3. **for 语句**

for 语句是循环结构当中最灵活的循环控制语句，不仅可以用于循环次数已知的情况，还可以用于只给出循环结束条件且循环次数不定的情况，它完全可以代替 while 语句。

for 语句的一般形式如下：

```
for（表达式 1；表达式 2；表达式 3）
```

循环体语句；

for 语句的执行流程如图 3–13 所示，首先计算表达式 1 的值，然后计算表达式 2 的值，若表达式 2 的值为真（非零），则执行循环体语句，再进行表达式 3 的运算。然后再计算表达式 2 的值，如上次循环重复下去，直到计算表达式 2 的结果为"假"（零）时，循环结束，流程控制转到循环结构的下一语句。

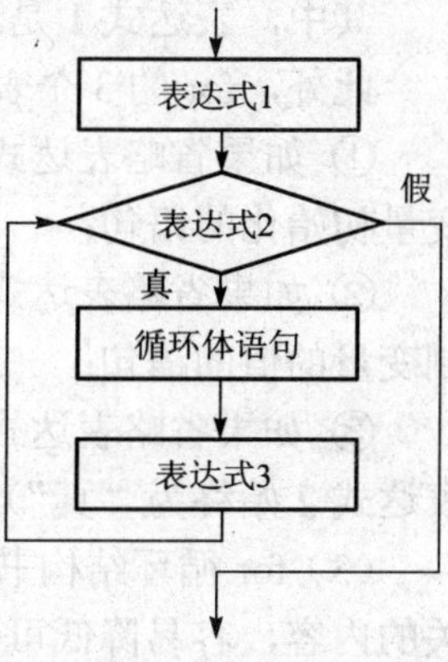

图 3–13　for 循环结构

根据 for 语句的实际应用，通常会使用一种更为简单明了的 for 循环结构形式，即

```
for（循环控制变量赋初值；循环条件；循环控制变量增（减）值）
{ 循环体语句 }
```

这样的表达就将表达式 1、2、3 的具体工作明确化，方便大家在应用时对号入座。

【**例 3–13**】求 1 到 100 这一百个自然数的累加和（用 for 循环结构实现）。

程序实现：

```
 main()
  {
int  i,sum=0;
  for(i=1;i<=100;i++)
     sum+=i;
printf("sum=%d",sum);
}
```

在执行程序过程中要注意以下几点：

（1）用 for 循环结构也具有"先判断，后执行"的特点。

for 循环结构：

for（表达式 1；表达式 2；表达式 3）

循环体语句；

相当于如下形式的 while 结构：

表达式 1；

```
while（表达式 2）
 { 循环体；
   表达式 3；
 }
```

显然，用 for 语句表达简单、方便。

（2）for 的 3 个成分是表达式，它们之间都以分号"；"隔开。表达式 1 和表达式 3 通常是赋值表达式或函数调用，也可以是逗号表达式，一般用来实现对循环控制变量初始化和循环控制变量增（减）值。表达式 2 通常是关系表达式或逻辑表达式，但也可以是数值表达式或字符表达式，是用来表示循环继续的条件，只要其值为非零，就可执行循环体。如：

```
for(i=1,sum=0;i<=100;i++)
sum+=i;
```

其中，表达式 1 是逗号表达式。

此外，for 的 3 个表达式还允许部分或全部省略，但应注意：

① 如果省略表达式 1（其后分号不能省），应该在进入 for 循环结构之前有给循环控制变量初始化的语句；

② 如果省略表达式 3，表明在该语句中没有终止语句，应该在循环体内有改变循环控制变量的值的语句；

③ 如果省略表达式 2，表明不判断循环条件，则循环将永远进行下去（此时系统认为表达式 2 始终为“真”），造成死循环，所以应该在循环体内设置相应的语句来结束循环。

（3）for 循环结构书写形式灵活多样，但如果在 3 个表达式中过多地加入与循环控制无关的内容，容易降低可读性。

例如，应该将

```
for(i=1,sum=0;i<=100;i++)
sum+=i;
```

改为

```
sum=0;
for(i=1;i<=100;i++)
sum+=i;
```

下面通过举例进一步说明 for 循环结构的应用和特性。

【例 3–14】 输入整数 n，求 n!。

问题分析：

这是一个“连乘”的问题。为得到连乘的积，程序中需要有用来存放连乘积的变量(fac)，其初值为 1；控制连乘个数的循环控制变量（i），其初值为 1，终值为 n，每次增量为 1；每次要连乘的乘数，由于其恰好与循环控制变量（i）的值相吻合，因此可用循环控制变量的值代替。

程序实现：

```
main()
{
  long int  n,i,fac;
  printf("Please enter n:");        /*输入欲求的阶乘值*/
  scanf("%ld",&n);
  fac=1;
  for(i=1;i<=n;i++)
    fac=fac*i;                      /*进行连乘*/
 printf("%ld!=%ld\n",n,fac);        /*输出结果*/
}
```

运行结果如下：

```
Please enter n:10↙
```

```
10!=3628800
```

另外，上例中的 for 循环结构还可以改为以下几种形式。

形式 1（省略表达式 1）：

```
 i=1;
 for(;i<=n;i++)
  fac=fac*i;
```

形式 2（省略表达式 3）

```
  for(i=1;i<=n;)
    {
    fac=fac*i;i++;
    }
```

形式 3（循环体为空语句）

```
  for(i=1;i<=n;fac=fac*i,i++);
```

【例 3–15】某一个数列是由若干个数组成的，其中前两个数为 0 和 1，第 3 个数是第 1，2 个数之和，第 4 个数是第 2，3 个数之和，以后每个数都是前两个数之和，这个数列的前几个数为 0，1，1，2，3，5，8…

问题分析：通过分析，此数列中的数是有规律可循的。除了前两个数分别为 0 和 1 以外，其余的数都与紧邻的前两个数有关，等于它们的加和。

程序实现：

```
#include <stdio.h>
main()
{
int i,a=0,b=1;
  for(i=1;i<=10;i++)
    {
     printf("%d\t%d\t",a,b);
     a+=b;b+=a;
     }
  }
```

运行结果如下：

```
0       1       1       2       3       5       8       13      2134
55      89      144     233     377     610     987     1 597   2 584 4 181
```

4. 3 种循环结构语句的比较

（1）3 种循环都可以用来处理同一问题。

（2）while 和 do…while 循环，只在 while 后面指定循环条件，在循环体中应包含使循环趋于结束的语句（如 i++，或 i=i+1 等）。

for 循环可以在表达式 3 中包含使循环趋于结束的操作，甚至可以将循环体中的操作全部放到表达式 3 中。因此 for 语句的功能更强，凡用 while 循环能完成的，都能用 for 循环实现。

（3）用 while 和 do…while 循环时，循环变量初始化的操作应在 while 和 do…while 语句之前完成。而 for 语句可以在表达式 1 中实现循环变量的初始化。

5. 循环的嵌套

一个循环体内又包含另一个完整的循环结构，称为循环的嵌套。3 种循环（while 循环、do…while 循环、for 循环）不仅可以自身嵌套，还可以相互嵌套。

例如，下面几种都是合法的形式。

```
(1) while()
    {…
    while()
    { … }
    }
(2) do
    {…
      do
    {…}
    while();
    …}while();
(3) for (;;)
    {
    …
    for (;;)
    {…}
    …
    }
(4) while()
    {…
      do
      {…
       }while();
        …}
(5) do
    {
    …
      for (;;)
      {…}
      …
     }while();
(6) for (;;)
    {
     …
    while()
     { … }
     …
     }
```

【例 3–16】全班有 30 名学生参加 8 门课的考试，要求分别统计出每名学生所有课程的平均成绩。

问题分析：首先考虑求一名学生的平均成绩，设置循环控制变量 i 控制课程数，其变化从 1 到 8，每次增量为 1。

算法流程如图 3–14 所示。

程序实现：

```
main()
{
int  i,j,sum,score;
float  aver;
for(i=1;i<=30;i++)
  {
sum=0;
for(j=1;j<=8;j++)
    {
scanf("%d",&score);
        sum+=score;
```

```
    }
    aver=sum / 8.0;
    printf("NO.%daver=%5.2f\n",j,aver);
  }
}
```

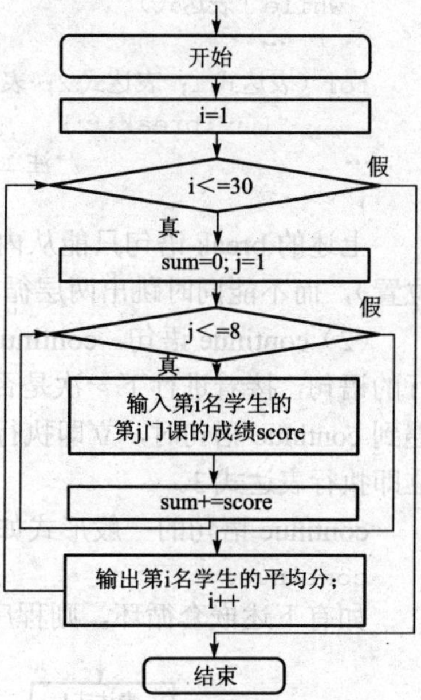

图 3–14 循环嵌套

6. break 语句与 continue 语句

为了使循环控制更加灵活，C 语言提供了两种无条件转移控制语句——break（间断）和 continue（接续）。

（1）break（间断）语句。break 语句在前面介绍 switch…case 语句时已经接触过，它的功能是跳出包含它的最内层循环或开关语句，转到循环结构或 switch 结构外的下一语句执行，即提前结束包含它的最内层循环（while、do…while、for）或 switch 语句。

break 语句的一般形式:

```
break;
```

【例 3–17】计算 r=1 到 r=10 的圆面积，直到面积大于 100 为止。

```
#define  PI  3.14159
main()
 { int r;
  float area;
  for(r=1;r<=10;r++)
   { area=PI*r*r;
     if(area>100)break;        /*面积大于 100 即结束循环*/
     printf("r=%d area is %f\n",area);
     }
     }
```

运行结果如下：

```
r=1  area  is:3.141590
r=2  area  is:12.566360
r=3  area  is:28.274309
r=4  area  is:50.265442
r=5  area  is:78.539749
```

程序说明：从 for 循环可以看到，当 area>100 时，执行 break 语句，循环将提前结束，不必继续执行其余的几次循环。

注意:

break 语句只能用于 switch 结构或循环结构中。在循环结构中，可以有多个 break 语句构成循环的多个出口，但一般情况下 break 语句通常要有 if 语句与之配合同时构成循环出口。

在嵌套的循环结构中使用时，break 语句只能跳出（或终止）包含它的最内层循环而不能跳出（或终止）多层循环。

如有下述嵌套循环，则程序运行流程如图 3–15 所示。

```
while（表达式）
  { …
for（表达式1；表达式2；表达式3）
      { …;break;…}
…                      /*注1*/
}
```

上述的break语句只能从内层的for循环体中跳到外层的while循环体中（注1所在的位置），而不能同时跳出两层循环体。

（2）continue语句。continue语句的作用是结束本次循环，即跳过循环体中下面尚未执行的语句，接着进行下一次是否执行循环的判定。也就是说：在while或do…while循环中，遇到continue语句时，立即执行表达式的判定；在for的循环体中遇到continue语句时，则立即执行表达式3。

continue语句的一般形式如下：

```
continue;
```

如有下述嵌套循环，则程序运行流程如图3–16所示。

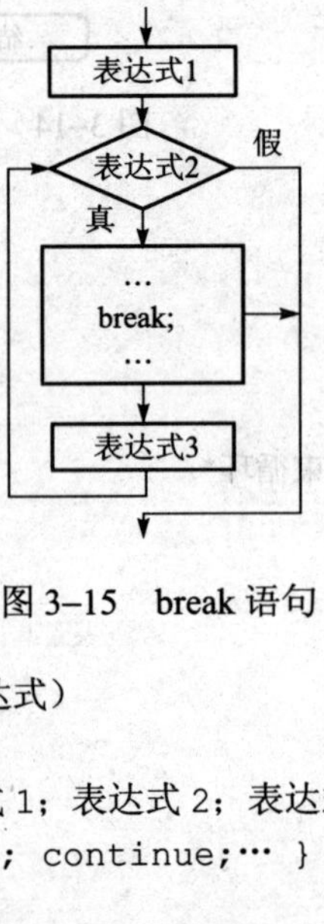

图3–15　break语句

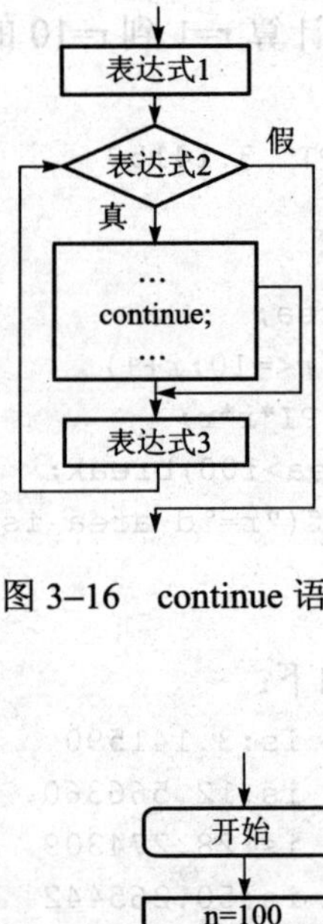

图3–16　continue语句

```
while（表达式）
   { …
for（表达式1；表达式2；表达式3）
       { …; continue;… }
…
}
```

注意：

continue语句只能用于循环结构中，通常也要有if语句配合使用。

continue语句和break语句虽然都实现了程序执行方向的无条件转移，但它们的区别是continue语句只能结束本次循环，而不是终止整个循环的执行；break语句则是立即结束整个循环过程，不再进行条件判断。

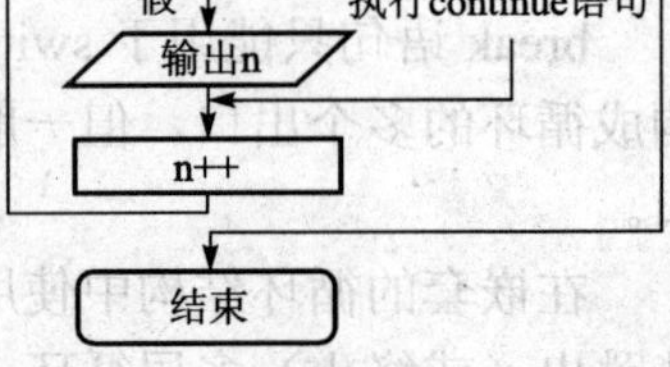

图3–17　continue语句举例

【例3–18】输出100～200范围内不能被5整除的数。

程序流程如图3–17所示。

程序如下：

```
main()
{
  int  i;
  for(i=100;i<=200;i++)
    if(i%5==0)
       continue;
    else
       printf("%4d",i);
}
```

3.4.3　循环结构程序举例

【例 3–19】用循环嵌套输出九九乘法表。

问题分析：分成行与列考虑，共 9 行 9 列，i 控制行，j 控制列。

程序实现：

```
#include <stdio.h>
main()
{int i,j,result;
 for(i=1;i<10;i++)
   {for(j=1;j<10;j++)
     {result=i*j;
     printf("%d*%d=%-3d",i,j,result);
     }
    printf("\n");
   }
}
```

运行结果如下：

```
1*1=1  1*2=2  1*3=3  1*4=4  1*5=5  1*6=6  1*7=7  1*8=8  1*9=9
2*1=2  2*2=4  2*3=6  2*4=8  2*5=10 2*6=12 2*7=14 2*8=16 2*9=18
3*1=3  3*2=6  3*3=9  3*4=12 3*5=15 3*6=18 3*7=21 3*8=24 3*9=27
4*1=4  4*2=8  4*3=12 4*4=16 4*5=20 4*6=24 4*7=28 4*8=32 4*9=36
5*1=5  5*2=10 5*3=15 5*4=20 5*5=25 5*6=30 5*7=35 5*8=40 5*9=45
6*1=6  6*2=12 6*3=18 6*4=24 6*5=30 6*6=36 6*7=42 6*8=48 6*9=54
7*1=7  7*2=14 7*3=21 7*4=28 7*5=35 7*6=42 7*7=49 7*8=56 7*9=63
8*1=8  8*2=16 8*3=24 8*4=32 8*5=40 8*6=48 8*7=56 8*8=64 8*9=72
9*1=9  9*2=18 9*3=27 9*4=36 9*5=45 9*6=54 9*7=63 9*8=72 9*9=81
```

【例 3–20】求 100～200 间的全部素数。

问题分析：所谓素数是指除了 1 和本身以外没有其他的约数。可以采用将 100 到 200 之间所有的奇数都通过如下算法：设所取数为 m，让 m 被 2 到 $\sqrt{m}$ 除，如果 m 能被其中任何一个整数整除，则提前结束循环，此时 i 必然小于或等于 k（即 $\sqrt{m}$）；如果 m 不能被 2 到 k（即 $\sqrt{m}$）之间的任何一个整数整除，则在完成最后一次循环后，i 还要加 1，因此 i=k+1 之后才终止循环。在循环之后判别 i 的值是否大于或等于 k+1，若是，则表明未曾被 2 到 k 之间的任一整数整除过，因此将 m 输出。

程序实现：

```
#include <stdio.h>
#include <math.h>
main()
{
int m,k,i,n=0;
 for(m=101;m<=200;m=m+2)
   {
    if(n%10==0)printf("\n");
    k=sqrt(m);
    for(i=2;i<=k;i++)
     if(m%i==0)break;
    if(i>=k+1)
     {printf("%6d",m);
      n++;}
   }
 }
```

运行结果如下：

```
101  103  107  109  113  127  131  137  139  149
151  157  163  167  173  179  181  191  193  197
199
```

3.5 实训案例

一、实训目的

1. 掌握 if 语句和 switch 语句的使用。
2. 掌握 while 语句、do-while 语句和 for 语句的使用。
3. 理解 break 语句和 continue 语句在循环结构中的不同作用。
4. 了解循环的嵌套。

二、实训内容和要求

1. 从键盘输入任意整数 a，如果 a 是正数，输出它本身，如果 a 是负数，输出它的绝对值。

2. 编写程序，输入 3 个整数，判断它们能否构成三角形，若能构成三角形，则输出三角形的类型（等边、等腰或一般三角形）。

3. 编写一个能够进行四则运算的程序，要求从键盘任意输入两个实数和一个运算符，当运算符为“+”时，对两个数进行加法运算；当运算符为“–”时，对两个数进行减法运算；当运算符为“*”时，对两个数进行乘法运算；当运算符为“/”时，对两个数进行除法运算；其他符号时，显示出错。

4. 任意输入 10 个整数，计算所有正数的和、负数的和及这 10 个数的总和。

5. 利用公式 pi/4=1−1/3+1/5−1/7+…求 pi 的近似值，直到最后一项的绝对值小于 10 的 −6 次方（0.000 001）为止。

6. 编程：利用循环嵌套输出如下三角形

```
0
11
222
3333
44444
555555
6666666
77777777
888888888
9999999999
```

三、实训程序参考源代码

1.

```
#include <stdio.h>
main()
{int a;
 printf("please input a:");
 scanf("%d",&a);
 if (a>0) printf("a=%d",a);
 else printf("|a|=%d",-a);
}
```

2.

```
#include <stdio.h>
main()
{int a,b,c;
 printf("输入三角形三边长:");
 scanf("%d%d%d",&a,&b,&c);
 if (a+b>c&&b+c>a&&a+c>b)
     if(a==b&&b==c) printf("等边三角形");
     else if(a==b||b==c||c==a) printf("等腰三角形");
          else printf("一般三角形");
 else printf("不能构成三角形！");
}
```

3.

```
#include <stdio.h>
main()
{float x,y;
 char c;
 scanf("%f%c%f",&x,&c,&y);
 switch(c)
 {case '+':printf("x+y=%f",x+y);break;
  case '-':printf("x-y=%f",x-y);break;
```

```
case '*':printf("x*y=%f",x*y);break;
 case '/':printf("x/y=%f",x/y);break;
 default:printf("error!");
 }
}
```

4.

```
#include<stdio.h>
main()
{int a,i,sum1=0,sum2=0,sum=0;
 for(i=0;i<=9;i++)
 {scanf("%d",&a);
  if(a>0) sum1+=a;
  else sum2+=a;
 }
 sum=sum1+sum2;
 printf("sum1=%d sum2=%d sum=%d",sum1,sum2,sum);
}
```

5.

```
#include <stdio.h>
#include <math.h>
main()
{float pi=1,x=-1,y=3;
 while(fabs(x/y)>=10e-6)
 {pi=pi+x/y;
  x=-x;
  y=y+2;
 }
 pi=4*pi;
 printf("pi=%.4f",pi);
}
```

6.

```
#include<stdio.h>
main()
{int i,j;
 for(i=0;i<=9;i++)
   {for(j=0;j<=i;j++)
      printf("%d",i);
    printf("\n");
   }
}
```

3.6 习　　题

1. 以下关于运算符优先顺序的描述正确的是______。

A. 关系运算符<算术运算符<赋值运算符<逻辑运算符

B. 逻辑运算符<关系运算符<算术运算符<赋值运算符

C. 赋值运算符<逻辑运算符<关系运算符<算术运算符

D. 算术运算符<关系运算符<赋值运算符<逻辑运算符

2. 若变量 c 为 char 类型，能正确判断出 c 为大写字母的表达式是______。

A. 'A'<=c<= 'Z'　　　　B.（c>= 'A'）&（c<= 'z'）

C.（c>= 'A'）&&（c<= 'Z'）　　　　D.（'A'<=c）AND（'Z'>=c）

3. 设 x、y 和 z 是整型变量，且 x=3，y=4，z=5，则下面表达式中值为 0 的是______。

A. 'x'&&'y'　　　　B. x<=y

C. x||y+z&&y–z　　　　D. !((x<y)&&!z||1)

4. 设有：int a=1，b=2，c=3，d=4，m=2，n=2;执行（m=a>b）&&（n=c>d）后 n 的值为______。

A. 1　　　　B. 2　　　　C. 3　　　　D. 4

5. 为了避免嵌套的 if…else 语句的二义性，C 语言规定 else 总是与______组成配对的关系。

A. 在同一行上的 if

B. 在其之前最近的未配对的 if

C. 缩进位置相同的 if

D. 在其之前未配对的 if

6. 以下程序的运行结果是______。

```
main()
{ int k=4,a=3,b=2,c=1;
  printf("\n%d\n",k<a?k:c<b?c:a);
 }
```

A. 4　　　　B. 3　　　　C. 2　　　　D. 1

7. 若 a，b，c1，c2，x，y 均是整型变量，正确的 switch 语句是________。

A.
```
switch(a+b)
{ case 1: y=a+b;break;
    case 0: y=a+b;break;
    }
```

B.
```
switch(a*a+b*b)
{case 3:
    case 1:g=a+b;break;
      case 3:y=b-a;break;
     }
```

C.
```
switch  a-b
{
    default: y=a*b;break;
    case 3:case 4:x=a-b;break;
    case 10:case 11:y=a+b;break;
    }
```

D.
```
switch a
  {
   case c1:y=a-b;break;
   case c2:x=a*b;break;
   default:x=a+b;
   }
```

8. 以下程序的输出结果是__________。

```
main()
{int x=2,y=-1,z=2;
   if(x<y)
   if(y<0) z=0;
    else  z+=1;
```

```
  printf("%d\n",z);
}
```

A. 3　　B. 2　　C. 1　　D. 0

9. 下面程序的功能是将从键盘输入的两个数，由小到大排序输出。当输入两个相等数时结束循环，请选择填空。

```
#include <stdio.h>
main()
{ int a,b,t;
  scanf("%d%d",&a,&b);
  while(【1】)
   { if(a>b)
       {t=a;a=b;b=t;}
     printf("%d,%d\n",a,b);
     scanf("%d%d",&a,&b);
   }
 }
```

A. !a=b　　B. a!=b　　C. a==b　　D. a=b

10. C 语言中 while 和 do…while 循环的主要区别是______。

A. do…while 的循环体至少无条件执行一次

B. while 的循环控制条件比 do…while 的循环控制条件严格

C. do…while 允许从外部转到循环体内

D. do…while 的循环体不能是复合语句

11. 以下程序段______。

```
x=-1;
do
{ x=x*x;}
while(!x);
```

A. 是死循环　　B. 循环执行二次

C. 循环执行一次　　D. 有语法错误

12. 下面有关 for 循环描述正确的是______。

A. for 循环只能用于循环次数已经确定的情况

B. for 循环是先执行循环体语句，后判断表达式

C. 在 for 循环中，不能用 break 语句跳出循环体

D. for 循环的循环体语句中，可以包含多条语句，但必须用花括号括起来

13. 有一堆零件（100 到 200 之间），如果分成 4 个零件一组的若干组，则多两个零件；若分成 7 个零件一组，则多 3 个零件；若分成 9 个零件一组，则多 5 个零件。下面程序是求这堆零件总数，请选择填空。

```
#include <stdio.h>
main()
{ int i;
  for(i=100;i<200;i++)
   if((i-2)%4==0)
```

```
    if(!((i-3)%7))
      if(【1】)
        printf("%d",i);
  }
```

A. i%9=5　　　　B. i%9!=5

C. (i–5)%9!=0　　　　D. i%9= =5

14. 以下描述正确的是______。

A. continue 语句的作用是结束整个循环的执行

B. 只能在循环体内和 switch 语句体内使用 break 语句

C. 在循环体内使用 break 语句或 continue 语句的作用相同

D. switch 语句中不能出现 continue 语句

15. 计算下面各表达式的值（设 a=1,b=2,c=3,x=4,y=5）。

（1）x>y&&x+z= =y　　（2）!(x=a)&&(y=a)&&0

（3）!(x–y)||!(c–3)　　（4）!(a+b)+c–1&&b+c/2

16. 以下程序实现：输入两个整数，按从大到小顺序输出。请在【】内填入正确内容。

```
  main()
{int x,y,z;
 scanf("%d,%d",&x,&y);
 if(【1】)
   {
z=x;
【2】
 }
 printf("%d,%d",x,y);
 }
```

17. 以下程序的功能是判断输入的年份是否是闰年。请在【】内填入正确内容。

```
main()
{int y,f;
 scanf("%d",&y);
 if(y%400==0)f=1;
 else if(【1】)f=1;
      else【2】;
 if(f)printf("%d is",y);
 else printf("%d is not",y);
 printf("a leap year\n");
}
```

18. 下面程序段是从键盘输入的字符中统计数字字符的个数，用换行符结束循环，请填空。

```
int n=0,c;
c=getchar();
while(【1】)
  {
if(【2】)n++;
```

```
    c=getchar();
   }
```

19. 有 1 020 个西瓜，第一天卖一半多两个，以后每天卖剩下的一半多两个，问几天以后能卖完？请填空。

```
#include <stdio.h>
main()
{int day,x1,x2;
  day=0;x1=1020;
  while(【1】)
  { x2=【2】;x1=x2;day++;}
  printf("day=%d\n",day);
   }
```

20. 下面程序的功能是从 3 个红球、5 个白球、6 个黑球中任意取出 8 个球，且其中必须有白球，输出所有可能的方案。请填空。

```
#include <stdio.h>
main()
{int i,j,k;
 printf("\nred  white  black \n");
 for(i=0;i<=3;i++)
  for(【1】;j<=5;j++)
   { k=8-i-j;
     if(【2】)printf(" %3d  %3d  %3d\n",i,j,k);
   }
}
```

21. 若用 0～9 之间不同的 3 个数构成一个 3 位数，下面程序将统计出共有几种方法。请填空。

```
#include <stdio.h>
main()
{int i,j,k,count=0;
 for(i=1;i<=9;i++)
   for(j=0;j<=9;j++)
     if(【1】)continue;
       else  for(k=0;k<=9;k++)
               if(【2】)count++;
 printf("%d",count);
 }
```

22. 分析下列程序运行结果。

(1)
```
#include<stdio.h>
main()
{ int a=-10,b=-3;
  printf("%d,",-a%b);
  printf("%d,",(a-b,a+b));
  printf("%d\n",a-b?a-b:a+b);
 }
```

(2)
```
main()
```

```
{float x,y;
 char o;
 double r;
 scanf("%f%f%c",&x,&y,&o);
 switch(o)
  {case '+':r=x+y;break;
   case '-':r=x-y;break;
   case '*':r=x*y;break;
   case '/':r=x/y;break;
   }
 printf("%f",r);
}
```

运行时输入：3 5 /

(3) main()

```
{int i=0,j=1;
 do
  {j+=i++;
   }while(i<4);
 printf("i=%d,j=%d\n",i,j);
}
```

(4) main()

```
  {int x=1,total=0,y;
while(x<=10)
      {y=x*x;
      printf("%5d",y);
      total+=y;
++x;
}
  printf("\ntotal is %d\n",total);
}
```

23. 指出并改正各语句中的错误。

(1) if(c<8);

```
      printf("c is less than 8.\n");
```

(2) if(gender==1)

```
      printf("Woman\n");
else;
      printf("Man\n");
```

(3) if(i=8)

```
      printf("i=%d\n",i);
      printf("Goodbye");
else
      printf("i is not equal %d\n",i);
```

24. 编程题。

(1) 从键盘上输入 4 个整数，输出其中的最小值。

(2) 编写程序，对于给定的一个百分制成绩，输出相应的五分制成绩。设：90 分以上为‘A’，80～89 分为‘B’，70～79 分为‘C’，60～69 分为‘D’，60 分以下为‘E’（用 switch 语句实现）。

（3）每个苹果 0.8 元，第一天买 2 个苹果，第二天开始，每天买前一天的 2 倍，直至购买的苹果数达到不超过 100 的最大值。编写程序求每天平均花多少钱？

（4）从键盘上依次输入一批数据，求其最大值，并统计其中的正数和负数的个数。

（5）将 100～200 之间能同时被 5 和 7 整除的数打印出来，并统计其个数。

第4章　模块化程序设计

通过对前面结构化程序设计的学习，已经能够进行简单的程序设计了。但是如果需要设计大型的程序，为了能够得到层次清晰、可读性强、可重用性好，易于修改和维护的程序代码，应该在结构化程序的基础上将程序自顶向下逐步细化和模块化。

因此，在程序设计的过程中，需要将一个大的程序按功能分成若干模块，每个模块又可由更小的模块所构成，这样逐层细化的模块只完成一个特定的功能。而这样的模块在C语言中是由函数来实现的。函数是完成特定功能的一段程序，是C程序中的基本单位。

4.1　函　　数

4.1.1　函数的定义

一个 C 程序至少由一个 main 函数（又称主函数）构成，一般情况下由一个主函数和若干个函数构成。

说明：

（1）一个源程序文件由一个或多个函数组成。一个源程序文件是一个编译单位，即以源程序为单位进行编译，而不是以函数为单位进行编译。

（2）一个 C 程序由一个或多个源程序文件组成。为了便于编译、调试，提高效率，可以将一个较大的程序分别放在若干个源文件中，分别编译、调度。

（3）建立函数称为“函数的定义”，所有函数的定义是并列的、独立的，函数定义之间没有嵌套或从属的关系。使用函数称为“函数的调用”，函数是一个可以反复使用的程序段，是通过被调用而执行的。如果函数定义而未被调用，是不能自己执行的（main 函数除外，可以认为 main 函数是由系统来调用的）。其中调用其他函数的函数称为“主调函数”，而被调用的函数称为“被调函数”；主调函数在调用前对被调函数的说明称为“函数的声明”。C 语言中，任何非主函数可以是主调函数，也可以是被调函数，但 main 函数只能是主调函数，任何函数不能调用 main 函数。

从用户使用的角度看，函数可分为以下两种。

（1）系统函数：即库函数，它们是由系统提供的，用户不必自己定义，就可直接使用的函数。

（2）用户自定义函数：是用户为了满足特定的需要而自己定义的函数。

从函数的形式看，函数可分为以下两类。

（1）无参函数：被调用时不需要主调函数传递数据。

（2）有参函数：被调用时需接收主调函数传递来的数据。

1. 无参函数的定义格式

```
类型标识符  函数名()
{ 声明部分
  执行部分
}
```

其中：

（1）函数名是唯一标识一个函数的名称，它的命名应符合 C 语言对标识符的规定。在同一程序中不同的函数，其名称也不能相同。为了增加程序的可读性，一般在选取函数名时应取有助于记忆的名称；

（2）对于无参函数，形参表是空的，但“()”不能省略；

（3）函数名前面的类型标识符用来说明函数返回值的类型，函数返回值通过 return 语句得到。若函数无返回值，可省略这一部分，或用类型标识符“void”表示；

（4）花括弧内部分称为“函数体”。函数体由声明部分和执行部分构成。声明部分对函数内使用的变量的类型和被调函数的原型进行定义和声明；执行部分是实现函数功能的核心部分，由 C 语言的基本语句组成。

功能：建立一个无参函数，函数返回时不带回函数值。

【例 4–1】一个简单的函数调用。

```
#include <stdio.h>
main()
{  print1();     /*调用 print1 函数*/
   print2();     /*调用 print2 函数*/
   print1();}
print1()
{printf("* * * * * * * * * * * * * * * * * * * * * * * * *\n");
 }
print2()
{
printf("      简单的函数调用实例\n");
}
}
```

运行结果如下：

```
* * * * * * * * * * * * * * * * * * * * * * * * *
      简单的函数调用实例
* * * * * * * * * * * * * * * * * * * * * * * * *
```

2. 有参函数的定义格式

```
类型标识符  函数名（形式参数列表）
 { 声明部分
   执行部分
 }
```

其中：

与无参函数不同，有参函数包含形式参数，形式参数用于在调用函数和被调函数间进行数据传递，因此，它也需要进行类型说明，这是在形式参数列表部分进行的。当形式参数列表中有多个形式参数时，每个形式参数之间应用逗号隔开。

功能：建立一个有参函数，函数返回时可以带回函数值。

【例 4–2】编写函数，求 3 个整型参数的最大值。

```
int max(int x1,int x2,int x3)
{
int max;
if(x1>x2)max=x1;
else  max=x2;
if(max<x3) max=x3;
return(max);
}
```

【例 4–3】编一程序，求长方形的面积。

```
#include  <stdio.h>
float  area(float a,float b)
{
 float s;
 s=a*b;
 return(s);
}
main()
{
 float a,b,s;
 scanf("%f%f",&a,&b);
 s=area(a,b);
 printf("s=%f",s);
 }
```

说明：

（1）程序中共包含两个函数：main 和 area。一个 C 语言程序由一个或多个函数组成，在组成一个程序的若干函数中必须有一个且只能有一个名为 main 的函数，即主函数。无论 main 函数位于程序的什么位置。可运行的 C 语言程序总是从 main 开始执行的。

（2）程序中使用的函数包括两种：一种是由系统提供的标准库函数，这种函数不需要用户定义即可使用，如：scanf 函数和 printf 函数等；另一种是用户自定义函数，这种函数用户必须先定义后使用，如上例中的 area 函数。

4.1.2 函数的参数及返回值

1. 函数的参数

函数定义的目的就是能被其他函数调用。在调用函数时，大多数情况下，主调函数和被调函数之间是有数据传递关系的，这就是有参函数。在定义函数时，函数名后面括号中的变量称为“形式参数”，简称形参；在调用函数时，函数名后面括号中的表达式称为“实形参数”，简称实参。

【例 4–4】输入两个整数，求出其中的最大值。

```
#include <stdio.h>
main()
{
int a,b,c;
  printf("Input a,b:");
  scanf("%d,%d",&a,&b);
  c=max(a,b);
  printf("\nmax is %d",c);
  }
max(int x,int y)
{
int z;
  z=x>y?x:y;
  return(z);
}
```

运行结果如下：

```
Input a,b:17,80
max is 80
```

注意：

（1）实参可以是变量、常量或表达式，是有确定的值的参数。函数定义时形参不占内存，只有发生调用时，形参才被分配内存单元，接收实参传来的值，调用后内存单元自动被释放。

（2）定义函数时必须定义形参的类型，否则将出现“类型不匹配”的错误。函数的形参与实参要求在个数上相等，并且对应的形参和实参的类型相同。

（3）形参和实参可以同名，由于形参的作用范围只局限于该函数，所以即使形参和实参同名，也是两个不同的变量，占用不同的内存单元。

（4）在C语言中，实参对形参的数据传递是“值传递”即单向传递，只能由实参传递给形参，而不能由形参传回给实参。调用函数时，给形参分配内存单元，并将实参对应的值传递给形参，调用结束以后，形参单元被释放，实参单元仍保留并维持原值。

2. 函数的返回值

有时，函数调用的目的是为了得到一个计算结果，这时，通常就需要使用返回语句，以便将计算结果返回给调用程序，同时，也使程序的执行流程转到调用语句的下一句去执行。

返回语句的一般形式如下：

return（表达式）;

其中，表达式两边的括号可以省略，即：return 表达式;

【例4–5】求两个整数的和。

```
int  iadd(int  a, int  b)
{
int  c;
c=a+b;
return(c);
}
main()
```

```
{
int  x,y,sum;
 printf("\nplease input(x,y):");
 scanf("%d,%d",&x,&y);
 sum=iadd(x,y);
 printf("\nthe sum is :%d",sum);
}
```

在上述程序段中有语句“sum=iadd(x,y);”，这里调用了函数 iadd，实参为 x，y。函数 iadd 被调用时系统为形参 a 与 b 分配了内存单元，并且有实参赋值给形参，这样形参 a 得到了实参 x 的值，形参 b 得到实参 y 的值。接下来执行 iadd 函数，计算 a 与 b 的和赋值给 c，由 return 语句返回 c 的值，结束函数 iadd 的执行，释放形参 a 与 b 所占内存单元，返回到 main 函数中继续执行，将返回值赋值给 sum，然后输出结果。

【例 4–6】 编一函数，求 x 的 n 次方的值，其中 n 是整数。

此函数可以将 x 和 n 作为函数参数，所求结果通过 return 语句返回调用程序。

```
double  power(float x,int n)
{
 int i;
 double pw=1;
 for(i=1;i<=n;i++)
   pw*=x;
 return(pw);
}
```

说明：

（1）函数的返回值需要通过函数中的 return（表达式）语句来实现，执行过程是先计算表达式的值（表达式可以是常量），再将计算结果返回给主调函数。

（2）在定义一个函数时可以有一个或多个 return 语句。

（3）函数返回值应为定义函数时函数值的类型，应在函数名的前面加以说明，如：

```
float  count(int n)
{
float  a;
  …
 return (a);
}
```

（4）如果被调函数中没有 return 语句，则会带回一个不确定的值，所以为了提高程序的正确性，应给没有返回值的函数用 void 定义其函数值类型。

（5）return 语句的另一项功能是结束被调用函数的运行，返回到主调函数中继续执行后继语句。函数中若无 return 语句，则函数执行到函数体后“}”处才结束。当然在无返回值的函数中也可以有 return 语句，其格式为 return。

4.1.3 函数调用

1. 函数的声明

函数在被调前首先要定义，然后在主调函数中对其进行声明，最后主调函数才能调用该函数。

一个函数要调用另一个函数必须具备的前提如下。

（1）被调函数已存在，即被调函数是库函数，或者是用户已定义的函数。

（2）对于库函数，要在主调函数所在文件中用#include 命令将相应的头文件包含进来；对于用户函数要在主调函数中对其进行声明。

进行函数声明的目的是为了使编译系统在编译阶段对函数的调用进行合法性检查，判断形参与实参的类型及个数是否一致。如果没有声明函数就直接调用，在运行时若发现实参与形参不匹配的错误，就需要重新调试程序，增加不必要的工作量。

主调函数在声明部分对被调函数进行声明，即通知编译系统下面将要调用该函数。对函数声明采用函数原型的方法，函数原型的格式如下：

```
类型标识符  函数名(形式参数列表);
```

若是无参函数，则形参表列为空，但“()”不能省略。简单地说，函数原型即是照定义的函数首部，再加上分号。

在实际应用中，以下 3 种情况可以省略对被调函数的声明。

（1）若被调函数的定义出现在主调函数之前，编译系统已预先知道了函数的类型，可根据函数首部对函数的调用进行检查。

（2）被调函数的返回值类型是整型或字符型。

（3）在所有函数定义之前，在函数的外部已做了对函数的声明，则主调函数内可以不必再次声明。

除了上述 3 种情况外，主调函数中在调用函数前必须对被调函数进行声明。

在调用函数前声明函数也是一种良好的程序设计习惯，除了增加程序的正确性，把错误改正在初级阶段外，还能提高程序的可读性。为了程序的清晰和安全，建议对返回值为整型的被调函数也要在主调函数中对其进行声明。

2. 函数的调用

（1）函数调用的一般形式。

```
函数名(参数列表);
```

如果调用的是无参函数，则格式如下：

```
函数名();
```

注意：

调用无参函数时括号不能省略，调用有参函数时形参与实参应匹配。

函数调用的一般过程如下。

函数的所有形参分配内存单元，计算各个实参表达式的值，一一对应地赋值给相应的形参（若是无参函数，则无此过程）。需要说明的是，在发生调用时，不同的编译系统对实参的求值顺序是不同的，有的自右而左顺次求实参的值，有的自左向右顺次求实参的值，大部分编译系统按自右向左的顺序求值（如常用的 Turbo C 系统）。

在函数体部分，执行函数中的各条语句，实现函数的功能，执行到 return 语句时，计算 return 语句中表达式的值（若只要求函数完成一定的功能，无返回值函数，则无此过程），释放形参及函数内的局部变量所占内存空间，返回主调函数。

继续执行主调函数中的后续语句。

【例 4–7】输入两个整数 a、b，判断其大小。若 a>b，输出 1；若 a<b，输出–1；若 a=b，输出 0。调用函数 f（a,b）进行判断。

```
#include  <stdio.h>
main()
{
 int a,b,k;
 printf("请输入 2 个整数值:");
 scanf("%d,%d",&a,&b);
 k=f(a,b);                        /*调用函数，其中 a 和 b 是实参*/
 printf("k=%d\n",k);
 }
int f(int i,int j)                /*函数定义，其中 i 和 j 是形参*/
{
 int k;
 if(i>j)
   k=1;
 else
   if(i==j)
     k=0;
   else
     k=-1;
 return(k);
 }                                /*返回函数值*/
```

运行结果如下：

```
请输入 2 个整数值：58,-45↙
k=1
```

调用函数时，系统将从键盘输入的实参 i 和 j 传递给形参 a 和 b，函数通过运行得到返回值 k，并通过 return 语句返回到主调函数相应的位置处，此时在内存空间形式参数中的存储单元被释放。

（2）传值调用。函数调用时，将实参传递给形参，这种传递过程是单向的，只能由实参传递给对应的形参，而不能由形参传递给实参，是实参向形参单向赋值的关系。内存中，形参与实参占用不同的内存单元。当调用函数时，给形参分配内存单元，将实参数的值赋值给形参，调用后，形参单元释放，实参仍保留调用前的值，形参数值的变化不影响实参，这种传递方式称为值传递方式。

【例 4–8】交换两个数的值。

```
void swap(int x,int y)
{
 int t;
 t=x; x=y; y=t;
 printf("\nx=%d,y=%d",x,y);
 return;
}
main()
{
```

```
int a,b;
printf("\nPlease enter data(a,b):");
scanf("%d,%d",&a,&b);
swap(a,b);
printf("\na=%d,b=%d",a,b);
}
```

运行结果如下：

```
Please enter data(a,b):3,5
x=5,y=3
a=3,b=5
```

通过分析上述的运行结果，发现以 a、b 为实参调用参数 swap 时，由实参向形参赋值，即 a 的值赋给 x，b 的值赋给 y，执行 swap 函数中的 x、y 值交换操作，交换后“x=5，y=3”。但是形参 x、y 的交换不能引起实参 a 与 b 的交换，调用 swap 函数结束后，main 函数中 a 与 b 的值还是调用前的值，所以输出结果是“a=3，b=5”。

在传值调用过程中不要企图通过调用函数来改变实参变量的值。但是，当参数为地址时，函数之间的信息传递方式有些特别，作为形参的值（地址）的改变不会影响实参的值（地址），这时形参所指向的地址中的内容的变化会带来实参所指向的地址中的内容的相应变化，这种方式称为地址传递方式。

地址传递方式将在介绍指针后详细介绍。

（3）嵌套调用。C 语言中，函数的定义是独立的，不允许在定义一个函数的函数体中再定义一个函数，也就是说，一个函数内不能包含另一个函数。C 语言中不能嵌套定义函数，但可以嵌套调用函数，也就是说，在调用某函数的过程中，还可以调用另一个函数。

【例 4–9】分析下列程序的输出结果，体会函数嵌套调用的关系。

```
void f3()
{
printf("\nf3 process.");
}
void f2()
{
printf("\nf2 begin.");
f3();
  printf("\nf2 end.");
 }
void f1()
{
printf("\nf1 begin.");
  f2();
  printf("\nf1 end.");
 }
main()
{
 printf("\nmain begin.");
 f1();
```

```
printf("\nmain end.");
}
```

运行过程如图 4–1 所示。

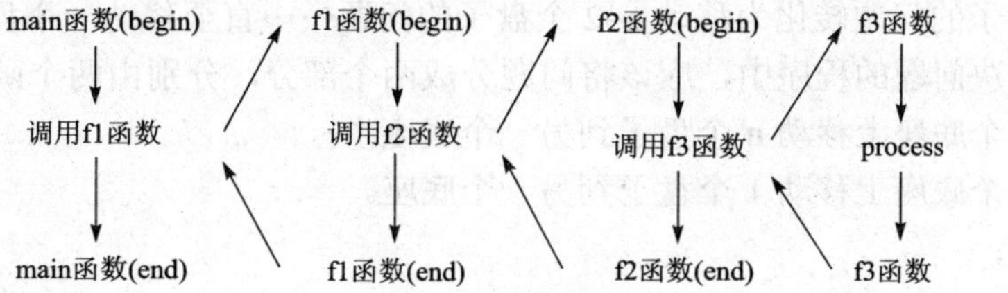

图 4–1　嵌套调用

运行结果如下：

```
main begin.
f1  begin.
f2  begin.
f3  process.
f2  end.
f1  end.
main end.
```

（4）递归调用。前面所介绍的函数调用都是一个函数调用另一个函数，而有的问题可以通过自身来解决。在调用一个函数的过程中又出现直接或间接地调用该函数本身，称为函数的递归调用。由此可以将函数的递归调用分为两类：直接递归调用（见图 4–2）和间接递归调用（见图 4–3）。

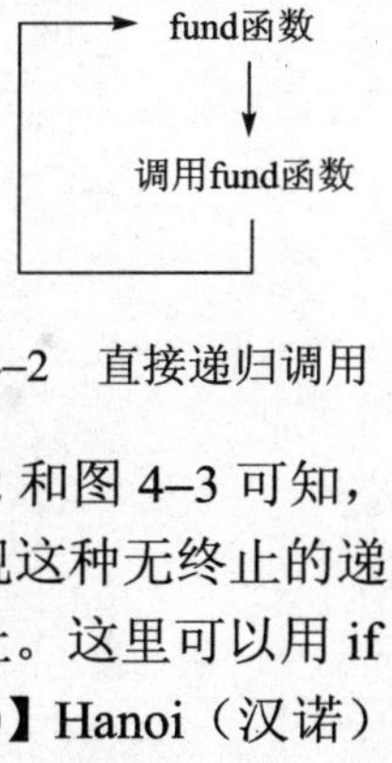

图 4–2　直接递归调用

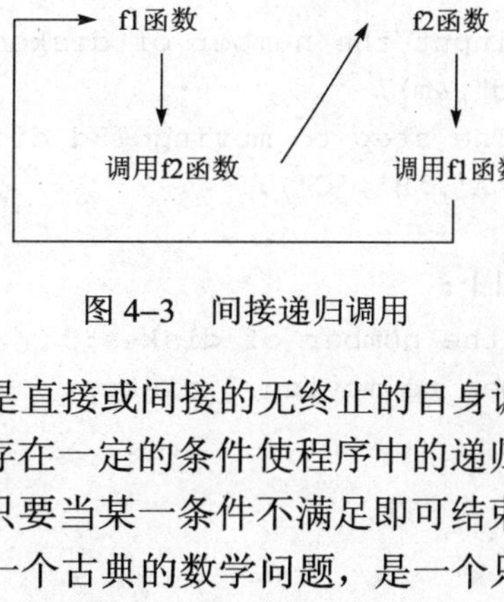

图 4–3　间接递归调用

由图 4–2 和图 4–3 可知，这两种调用都是直接或间接的无终止的自身调用。显然，程序中不应出现这种无终止的递归调用，必须存在一定的条件使程序中的递归调用的出现有限次、有终止。这里可以用 if 语句来控制，只要当某一条件不满足即可结束递归调用。

【例 4–10】 Hanoi（汉诺）塔问题。这是一个古典的数学问题，是一个只有用递归方法解决的问题。问题是这样的：古代有一个梵塔，塔内有 3 个座 A、B、C，开始时，A 座上有 64 个盘子，盘子大小不等，大的在下，小的在上。有一个老和尚想把这 64 个盘子从 A 座移到 C 座，但每次只允许移动一个盘子，且在移动过程中在 3 个座上都始终保持大盘在下，小盘在上。在移动过程中可以利用 B 座，要求编程序打印出移动的步骤。

分析： 这个问题可用递归的思想来分析。将 n 个盘子由 A 座移动到 C 座可分为以下 3 个过程：

（1）先将 A 座上 n–1 个盘子借助 C 座移至 B 座；

（2）再将A座上最下面一个盘子移至C座；

（3）最后将B座上n–1个盘子借助A座移至C座。

上述过程是把移动n个盘子的问题转化为移动n–1个盘子的问题。按这种思路，再将移动n–1个盘子的问题转化为移动n–2个盘子的问题……直至移动一个盘子。

在编写解决问题的程序中，应该将问题分成两个部分，分别由两个函数来实现：

（1）从一个底座上移动n个盘子到另一个底座；

（2）从一个底座上移动1个盘子到另一个底座。

程序实现：

```
void move(char x,char y)
{
 printf("%c->%c\n",x,y);
 }
void hanoi(int n,char one,char two,char three)
{
 if(n==1)move(one,three);
 else
   { hanoi(n-1,one,three,two);
     move(one,three);
     hanoi(n-1,two,one,three);
   }
}
main()
{
 int m;
 printf("input the number of diskes:");
 scanf("%d",&m);
 printf("The step to moving %3d diskes:\n",m);
 hanoi(m,'A','B','C');
}
```

运行情况如下：

```
    input the number of diskes:3
    The step to moving 3 diskes:
A->C
A->B
C->B
A->C
B->A
B->C
A->C
```

在本程序中move函数并未真正移动盘子，而只是打印出移盘的方案（从一个座移动到哪一个座）。

【例4–11】猴子吃桃问题。有一堆桃，第一天猴子吃了它的一半多一个；第二天猴子吃了剩下的一半多一个；第三天依旧是吃了剩下的一半多一个；如此下去第五天还剩下一个桃，问这堆桃的个数。

分析：很明显，这是个递归问题，要求桃的总数，就必须先知道第二天桃的个数；要求第二天桃的个数，就必须先知道第三天桃的个数；以此类推，直到第五天。同时满足前一天与第二天桃的个数应该满足关系：num(n)=(num(n+1)+1)*2。

```
num(5)=1
num(4)=(num(5)+1)*2
num(3)=(num(4)+1)*2
num(2)=(num(3)+1)*2
num(1)=(num(2)+1)*2
```

可以用关系式表述如下：

```
    num(n)=1            (n=5)
(num(n+1)+1) *2   (n<5)
```

可以看到，当 n<5 时，求第 n 天桃的个数的公式是相同的，可以用一个函数表示上述关系。图 4–4 表示计算这堆桃的个数的过程。

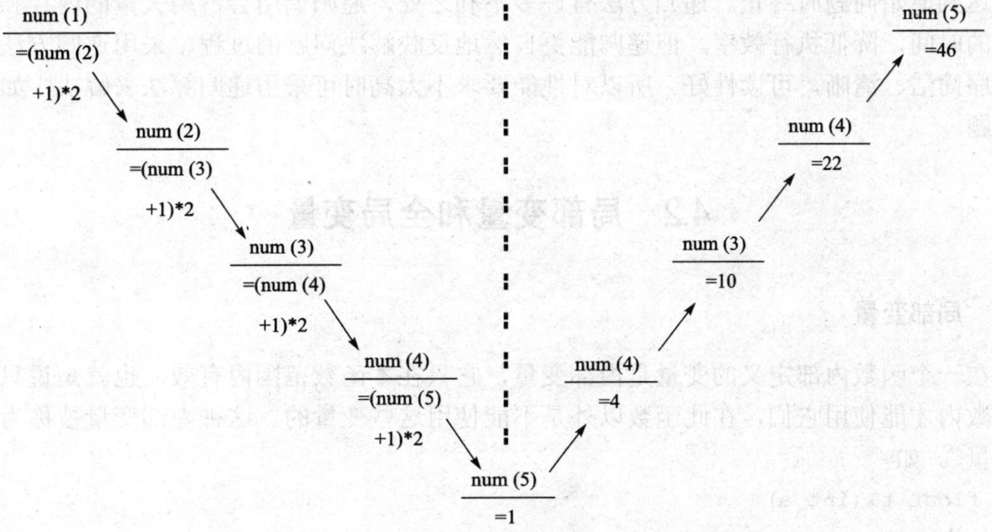

图 4–4　递归调用

程序实现：

```
#include <stdio.h>
int num(int n)
{
   int c;
   if(n==5)c=1;
   else
     c=(num(n+1)+1)*2;
 return c;
 }
main()
{
 int n,total;
printf("\n n=");
```

```
    scanf("%d",&n);
    total=num(n);
    printf("\ntotal=%d",total);
    }
```

运行结果：

```
n=1↙
total=46
```

从上面可以看出，递归调用的过程分为两个阶段：

（1）递归过程。将原问题不断转化为规模小一级的问题，从未知向已知推进，最终达到递归终结条件。

（2）回溯过程。从已知条件出发，沿递归的逆过程，逐一求值返回，直至递归初始处，完成递归调用。

递归虽然没有明确的循环结构，但是实际的递归是通过反复的调用自身来实现循环的，直到达到原始问题时终止。递归方法有许多不利之处，递归调用会占用大量的内存和消耗大量的时间，降低执行效率。但递归能更自然地反映解决问题的过程，采用递归方法编写的程序简洁、清晰，可读性好。所以对性能要求不太高时可采用递归算法来解决，如汉诺塔问题。

4.2 局部变量和全局变量

4.2.1 局部变量

在一个函数内部定义的变量是内部变量，它只在本函数范围内有效，也就是说只有在本函数内才能使用它们，在此函数以外是不能使用这些变量的。这种内部变量被称为“局部变量”。如

```
 float t1(int a)
{
 int b,c;
 …
}
char t2(int x,int y)
{
 int i,j;
}
main()
{
 int m,n;
 …
}
```

说明：

（1）主函数 main 中定义的变量 m，n 只在主函数中有效，并不因为在主函数中定义而在整个文件或程序中有效。主函数也不能使用其他函数中定义的变量。

（2）不同函数中可以使用相同名字的变量，它们代表不同的对象，互不干扰。例如，在 t1 函数中定义了变量 b、c，倘若在 t2 函数中也定义变量 b 和 c，它们在内存中将占不同的单元。

（3）形式参数也是局部变量。例如，t1 函数中的形参 a 只在 t1 函数中有效，其他函数不能调用。

（4）在一个函数内部，可以在复合语句中定义变量，这些变量只在本复合语句中有效，这种复合语句也可称为“分程序”或“程序块”。

```
main()
{
 int a,b;
    …
    {int c;
     c=a+b;
     …
    }
  …
}
```

变量 c 只在复合语句（分程序）内有效，离开该复合语句该变量就无效，将释放内存单元。

4.2.2　全局变量

一般地，程序的编译单位是源程序文件，一个源文件可以包含一个或若干个函数。在函数内定义的变量是局部变量，而在函数之外定义的变量称为外部变量，外部变量是全局变量（也称为全程变量）。全局变量可以为本文件中其他函数所共用。它的有效范围为从定义变量的位置开始到本源文件结束。如

```
int p=1,q=5;
float t1(a)
int a;
{
 int b,c;
 …
}
char c1,c2;
char t2(int x,int y)
{
 int i,j;
 …
}
main()
{
 int m,n;
 …
}
```

p、q、c1、c2 都是全局变量，但它们的作用范围不同，在 main 函数和 t2 函数中可以使用全局变量 p、q、c1、c2，但在函数 t1 中只能使用全局变量 p、q，而不能使用 c1 和 c2。

在一个函数中既可以使用本函数中的局部变量，又可以使用有效的全局变量。

说明：

（1）设全局变量的作用是增加函数间数据联系的渠道。由于同一文件中的所有函数都能引用全局变量的值，因此，如果在一个函数中改变了全局变量的值，就能影响到其他函数，相当于各个函数间有直接的传递通道。由于函数的调用只能带回一个返回值，因此有时可以利用全局变量增加与函数联系的渠道，从函数中得到一个以上的返回值。

为了便于区别全局变量和局部变量，在 C 程序设计人员中有一个不成文的约定，将全局变量名的第一个字母用大写表示。

（2）建议非必要时不要使用全局变量，由于全局变量在程序的全部执行过程中都占用存储单元，而不是仅在需要时才开辟单元。

它使函数的通用性降低了，因为函数在执行时要依赖于其所在的外部变量。如果将一个函数移到另一个文件中，还要将有关的外部变量及其值一起移过去。但若该外部变量与其他文件的变量同名时，就会出现问题，降低了程序的通用性和可靠性。在程序设计中，在划分模块时要求模块的“内聚性”强，与其他模块的“耦合性”弱。即模块的功能要单一（不要把许多互不相干的功能放到一个模块中），与其他模块的相互影响要尽量少，而用全局变量是不符合这个原则的。

使用全局变量过多会降低程序的清晰性，人们往往难以清楚地判断出每个瞬间各个外部变量的值。在各个函数执行时都可能改变外部变量的值，程序容易出错。因此，要限制使用全局变量。

（3）如果在同一个源文件中，外部变量与局部变量同名，则在局部变量的作用范围内，外部变量被“屏蔽”，即它不起作用。

【例 4–12】 外部变量和局部变量同名。

```
int a=4,b=10;
max(int a,int b)
{
 int c;
 c=a>b?a:b;
 return(c);
}
main()
{
 int a=99;
 printf("%d",max(a,b));
}
```

运行结果如下：

```
    99
```

注意：

在这个例子里，重复使用了 a、b 作变量名，请大家区别不同的 a、b 的含义和作用范围。第 1 行定义了外部变量 a、b，并使之初始化。第 2 行开始定义函数 max，a 和 b 是形参，形参也是局部变量。函数 max 中的 a、b 不是外部变量 a、b，它们的值是由实参传给形参的，外部变量 a、b 在 max 函数范围内不起作用。最后 4 行是 main 函数，它定义了一个局部变量 a，因此全局变量 a 在 main 函数范围内不起作用，而全局变量 b 在此范围内有效。因此 printf 函数中的 max(a,b)相当于 max(99,10)，程序运行后得到结果为 99。

4.3　变量的存储类别

C 程序的源文件可以分散在几个文件中，事先编好的程序可以从库里装入，这就涉及变量的作用域范围。如何说明变量才能在程序编译期间被适当地编译，才能在程序装入时使所有的程序段都能适当地连接起来呢，下面将就这些问题分别加以说明。

在 C 语言中，说明和定义两个概念是有区别的。说明是对一个变量的性质（如它的类型）加以说明，并不为其分配存储空间；而定义是对一个变量既说明其性质，又为其分配存储空间。定义一个函数就是提供其代码。

变量的存储类型在变量说明中指定。变量说明的一般形式为

存储类型　类型　变量名列表；

C 语言定义的存储类型有 auto，extern，static，register 四种，分别称为自动型、外部型、静态型和寄存器型。说明中还可以为变量赋初值。

4.3.1　自动型变量

在函数内部定义的变量称为自动型变量，它们的作用域定义在函数内部。不同的函数里出现相同名字的变量，它们是毫不相干的。自动型变量定义以关键字 auto 标识，但在函数内部可以省略，所以一般自动型变量都没有标 auto。

【例 4–13】说明变量作用域的程序。

```
#include <stdio.h>
void main()
{
 int x=1;
 {
  int y=2;
  printf("%d,%d",x,y);
 }
 {
  printf("%d,%d",x,y);
 }
  printf("%d,%d\n",x,y);
}
```

说明：

该程序有 3 个模块，即每对{ }为一个模块。程序从头到尾为一大块，里面又包括两小块。变量 x 是一个自动型变量，在大模块开头就已说明，因此它的作用域是整个函数体。这就说明，它在大模块所包含的两个小模块中也是存在的。变量 y 是在第 1 个小模块的开头部分被说明的，也是自动型变量，它的作用域为第 1 个小模块，到这一小模块的外面，

它就不复存在了。

这样，例子中的第 2 个 printf()和第 3 个 printf()函数中的变量 y 的类型就是模糊的，因此程序编译是不能通过的。C 语言的编译对自动型变量是动态分配存储空间的，具体地说，在进入函数时就对这些自动型变量分配堆栈空间，一旦退出该函数，分配给自动型变量的堆栈空间就立即消失（即这些自动变量消失），所以自动型变量既不能被任何其他函数所引用，也不能保存其值。因此两个函数之间要实现自动型变量的值传递，只有通过函数的参数。

4.3.2 外部型变量

C 程序是由一系列变量或函数组成的，外部型变量就是在任何函数的外部定义的变量，它可以被程序中的所有函数引用。函数本身总是外部的，因为 C 语言中不允许在其他函数里面定义函数。外部型变量实质上具有“全局型”定义，它的作用域是整个程序，在程序的任何地方均可以通过相同的名字对这种变量进行访问。引用外部型变量主要有以下 3 个原因。

（1）因为外部型变量在整个程序中都可存取，所以它提供了在函数间进行数据通信的另一种方法。只要将用作函数间通信的参数说明为外部型变量，则在函数定义的形参表中和调用函数的实参表中就不需要再给出参数，在函数中只要直接对这些外部型变量进行操作即可。如果大量的变量必须在函数间共享，那么用外部型变量比使用参数表更为方便。但必须小心使用，因为外部型变量的存在将导致程序中数据的联系很不明显（这种变量可能会被莫名其妙地修改，而在必须修改程序时它们又可能很难修改）。另外，用外部型变量作为函数间的联系使函数的通用性变差了。

（2）使用外部型变量还与初始化有关。第 1 版的 C 语言规定，外部型数组、结构和共用可以赋初值，而自动型数组、结构和共用是不可以的。目前的版本已经允许以一种受限的方式对自动型数组、结构和共用进行初始化。

（3）外部型变量是永久性的，在一次函数调用之后到下一次函数调用之前的期间内，能够保持它的值不变。

外部型变量必须在任何函数之外定义，在整个程序（可能有若干个文件）中，对具有相同名字的外部型变量只能在一处定义和初始化。对定义的外部型变量，由编译程序静态地为它们分配适当的存储空间。C 语言中允许对一个程序中的若干个函数独立地进行编译，这时为了使其他函数能知道某些变量已被定义为外部型变量以及这些变量的数据类型，还必须在要存取它们的函数中对其加以说明，说明的方式既可以是采用 extern 的明显方式，也可以是通过上、下文的隐含方式。

【例 4–14】使用外部型变量。

```
#include <stdio.h>
int x=123;
int y=456;
void main()
{
  printf("%d,%d\n",x,y);
}
```

这里对外部型变量 x 和 y 进行了定义，编译程序对它们分配了适当的存储空间。再看

下面两行

```
extern int sp;
extern double val[20];
```

只说明 sp 是一个整型外部变量，val 是一个双精度型外部数组，编译程序并不为变量 sp 和 val 进行实际的存储空间分配。外部型变量的作用域是从它定义的这一点开始，直到文件的结束。

如果要在定义一个外部型变量之前使用它，或者它被定义在另一个源文件里，那就必须使用关键字 extern 进行说明。如：

```
  #include <stdio.h>
int x=123;
void main()
{
  extern y;
  printf("%d,%d\n",x,y);
}
  int y=321;
```

运行结果如下：

```
123,321
```

说明：

程序中 y 在定义前被使用，因此，在使用前必须用 extern 对它加以说明。而 x 是一开始就被定义了，所以从定义这点开始一直到文件结束都起作用，即不需要再使用 extern 进行说明。

从上面可以看出对变量的说明只说明类型，不应当说明初值。在实际应用中一般将外部型变量定义放在最前面以使程序简单明了，同时避免了上述的说明。但当一个程序由多个文件组成时，若外部型变量在一个文件中定义，而另一些文件中要引用该外部型变量，则必须在这些文件的开头用 extern 进行说明。

4.3.3 静态型变量

静态型变量的定义方法是在普通类型定义语句之前加上关键字 static，如：

```
static char c[20];
  static int stu;
```

静态型变量可以是内部静态变量或外部静态变量。在函数外部定义的就称为外部静态变量，在函数内部定义的就称为内部静态变量。不管是外部静态变量还是内部静态变量，从 C 语言编译实现的角度来看都是静态分配存储空间。内部静态变量类似于自动型变量，它的作用域限于定义内部静态变量的函数内部，但不同于自动型变量的是，内部静态变量是始终存在和始终占有内存单元的，其初值也只是在进入函数时赋值一次，而不是在进入函数时被建立或退出函数时被消除。

【例 4–15】在铁路托运行李收费程序中使用内部静态变量。

铁路托运行李收费程序的要求是，行李从甲地到乙地按规定每张客票托运行李不超过 50 kg 时，按 0.13 元/kg 计算，如超过 50 kg，则超过部分按每 0.20 元/kg 计算。编程中使用内部静态变量。

```
#include <stdio.h>
#include <stdlib.h>
double compute(double);
void main()
{
 float w;
 double s;
 for(; ;)
 {
   printf("Enter weight:");
   scanf("%10f",&w);
   if (w==0)
       exit(0);
   s=compute(w);
   printf("current cost:%10.2f\n",s);
  }
}
double compute(double w)
{
 double s;
 static double total=0;
 if(w<=50.0)
  s=0.13*w;
 else
  s=50.0*0.13+(w-50.0)*0.20;
 total+=s;
 printf("Total:%10.2f\n",total);
 return(s);
}
```

说明：

主程序接收行李重量和调用 compute()函数，并根据 compute()返回值打印收取的运费。函数 compute()根据行李的重量计算应收的运费，同时将每笔运费加到内部静态变量 total 中，并且每增加一笔运费就显示一次总计。在函数内部定义了静态变量 total 为双精度类型，它将不会因退出函数而使 total 的值消失。输入为 0 时，该程序调用库函数 exit(0)退出运行。

运行结果如下：

```
Enter weight:10
Total:      1.30
Current cost:      1.30
Enter weight:60
Total:      9.80
Current cost:      8.50
Enter weight:150
Total:     36.30
Current cost:     26.50
Enter weight:0
```

注意：

输入为 0 时，该程序调用库函数 exit(0)退出运行。

一般来说函数是外部型的，同时又可定义为静态的。被定义为外部静态型的函数只能被该函数所在的文件中的其他函数调用，但不能被其他文件中的函数调用。通过将变量或函数定义为外部静态型，可以把一个文件中的一些函数和数据隐藏起来，不准别的文件来存取。这种性能可以使模块程序设计更方便。特别是当设计一个大的系统，由若干个程序员来设计编写程序时，对那些只局限于某些程序使用的全局变量和函数，只要定义为外部静态型，把这些变量和函数隐藏起来，就既防止了与其他程序员写的程序产生重名，又使模块界面清晰。

4.3.4　寄存器型变量

最后一种变量存储类型是寄存器型。一个寄存器型变量定义形式为：

```
register int x;
register char c;
```

定义为寄存器型的变量，一般在程序中都使用得非常频繁。一个变量被定义为寄存器型，主要是通知 C 语言编译程序，变量如有可能应尽量以机器的寄存器来定义。由于寄存器有限，当寄存器不够使用时，关键字 register 不起作用，编译程序将自动给变量分配内存。

使用寄存器型变量有赖于具体的计算机硬件，所以有些限制。例如，PDPll 中，函数内只有 int，char 和指针类型可用来定义变量类型。若定义了不允许的变量类型，编译时关键字 register 将不被理睬。

对变量的寄存器类型说明只适用于自动型变量和函数的形式参数，不适用于外部变量和静态变量。寄存器变量不能用“&”运算符取其地址。

4.4　内部函数和外部函数

一个 C 程序可包含多个函数，这些函数又可能分布在多个文件中。函数的定义是独立的，而函数之间存在着调用关系。一般来说，一个函数可被它所在程序中的其他函数所调用，但有些时候，希望只被本文件中的函数调用，而不被其他文件中的函数调用。这里根据函数的使用范围，将函数分为两种：内部函数和外部函数。

4.4.1　外部函数

外部函数是可以被程序中的其他文件所调用的函数，定义格式如下：

```
extern 数据类型 函数名（形式参数表列）
{
声明部分;
执行部分;
}
```

外部函数是 C 语言默认的函数类型，若没有特别声明为 extern 类型，系统也会默认为外部函数。

4.4.2 内部函数

内部函数是只能被本文件中其他函数调用，而不能被其他文件调用的函数，定义格式如下：

```
static 数据类型 函数名（形式参数表列）
{
声明部分;
执行部分;
}
```

4.4.3 举例

【例 4–16】分析下列程序。

该程序由两个文件 file1.c 和 file2.c 组成，其内容如下：

```
/*file1.c*/
#include "file2.c"
#include "stdio.h"
main()
{
 extern char next(char c);
 char ch;
 while((ch=getchar())!='\n')
   printf("\n%c,%c",ch,next(ch));
}
/*file2.c*/
char next(char c)
{
 char d;
 d=c+1;
 return(d);
}
```

运行结果：

```
    test↙
    t,u
    e,f
    s,t
    t,u
```

说明：

在 file1.c 的 main 函数种中调用 next 函数求一个字符的后继字符，而 next 函数在文件 file2.c 中，在 main 函数中要声明 next 函数后，才能对 next 函数进行调用。

在定义函数时，若省略函数的存储类型，则默认函数为外部函数，即可以被其他文件中的函数所调用的函数。要注意的是若要调用其他文件中定义的函数，必须先对其进行声明。对于存储类型为 static 类型的函数，只能被其所在的文件中的函数调用，其他文件是不能使用它的。若在其他文件中声明或调用已定义为 static 存储类型的函数就会发生错误。使用内部函数可以限定函数的作用域，即使在不同的文件中使用同名的内部函数，也不会相互干扰。内部函数的这个特点便于不同的人分别编写不同的函数，而不用考虑重名的问题。

对于 static 说明符，声明内部变量时，表示变量存放在内存的静态存储区；声明外部变量时，表示变量的作用域局限于所在函数（或复合语句）；声明函数时，表示函数的使用范围局限于本文件。

4.5　C 语言预处理

4.5.1　宏定义

宏定义就是用一串字符来代表名字，这串字符既可以是常数，也可以是任何字符串，甚至可以是带参数的宏。用名字来代替数是最简单的数字表示形式，如：

```
#define PI 3.1415926
#define YES 1
#define NO 0
```

预处理器把在程序中出现的被定义的名字都替换成对应的定义串（称为宏展开）。#define 中的名字与 C 函数中的名字标识符有相同的形式，为了将两者区别，往往对前者用大写字母来表示（源程序用小写字母）。比较长的宏定义可在要继续的行末加“\”。

预处理器对引号括起来的字符串不进行替换，例如，PI 是被定义的名字，则语句 printf("PI");中的 PI 不进行替换。在程序中可用#undef 语句限制宏定义的范围。例如，在 #undef YES 语句之后，YES 不再代表 1。

用名字来代替的可以是任意字符串。如可采用宏来替换 C 语言的一些语句：

```
#define BEGIN {
#define END }
```

然后 C 程序可写成

```
if (i>0)
BEGIN
  a=1;
  b=2;
END
```

又如，可以定义

```
#define FOREVER for(;;)
```

以后无穷循环就可以写为：

```
FOREVER{…}
```

若在程序中恰当地使用符号常数，特别在程序中不得不使用与特定计算机有关的常数值，以及依赖于某特定环境的常量如计算机内存的地址、字长、数组的长度等时，使用符号常数就能够帮助提高程序的可移植性。宏定义也可定义带参数的宏，于是替代行文就依赖于调用宏的方法。例如，

```
#define MAX(A,B)  ((A)>(B)?(A):(B))
```

则行

```
x=MAX(p+q,r+s);
```

将由行

```
x=((p+q)>(r+s)?(p+q):(r+s));
```

代替，这就提供一个“求最大值”的宏函数，它不是函数调用而是展开成机内代码。

【例 4–17】宏定义举例一。

```
#define PI 3.1415926
#define CIRCLE(r, l, s, v) L=2*PI*R;S=PI*R*R;V=4.0/3.0*PI*R*R*R
main()
{
 float r, l, s, v;
 scanf("%f", &r);
 CIRCLE(r, l, S, v);
 printf("r=%6.2f, l=%6.2f,  S=%6.2f,  v=%6.2f\n", r, l, S, v);
 }
```

经预编译宏展开后的程序如下：

```
main()
{
float r, l, S, v;
 scanf("%f", &r);
 l=2*3.1415926 r;S=3.14159*r*r;v=4.0/3.0*3.1415926*r*r*r;
 printf("r=%6.2f, l=%6.2f, S=%6.2f, v=%6.2f\n", r, l, S, v);
}
```

运行结果：

```
3.5↙
   r=  3.50, l= 21.99, S= 38.48, v= 179.59
```

说明：

实参 r 的值已知，可以从宏带回 3 个值（l，S，v）。其实只不过是将字符 r 代替 R，l 代替 L，S 代替 S，v 代替 V 而已，而并未在宏展开时求出 l、S、v 的值。

【例 4–18】宏定义举例二。

```
#define PR printf
#define NL "\n"
#define D "%D"
#define D1 D NL
#define D2 D D NL
#define D3 D D D NL
#define D4 D D D D NL
#define S "%S"
main()
{
 int a, B, C, D;
 char string[]="CHINA";
 a=1;B=2;C=3;D=4;
 PR(D1, a);
 PR(D2, a, B);
 PR(D3, a, B, C);
 PR(D4, a, B, C, D);
```

```
  PR(S, string);
}
```

运行结果：

```
1
12
123
1234
CHINA
```

说明：

程序中用 PR 代表 printf，以 NL 代表执行一次“换行”操作，以 D 代表输出一个整型数据的格式符，以 D1 代表输出完 1 个整数后换行，D2 代表输出 2 个整数后换行，D3 代表输出 3 个整数后换行，D4 代表输出 4 个整数后换行，以 S 代表输出一个字符串的格式符。可以看到，程序中写输出语句比较简单，只要根据需要选择已定义的输出格式即可，连 printf 都可以简写为 PR。

4.5.2　文件包含

文件包含是指将另一个指定源文件的内容包含到当前文件中来。在本文件中可以直接使用被包含文件的内容，无需重新定义，从而简化了程序的书写。C 语言提供了文件包含命令#include 实现文件包含。#include 命令的格式为：

#include <文件名>

或者

#include "文件名"

文件包含命令的作用如图 4–5 所示。

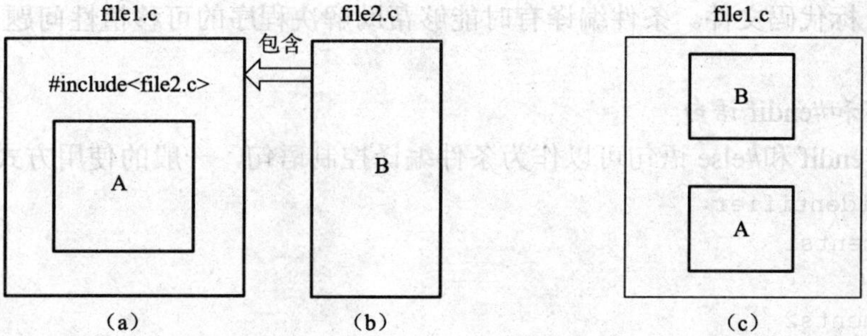

图 4–5　文件包含

图 4–5（a）表示 C 语言源程序文件 file1.c 由两部分组成：#include<file2.c>和其他内容 A，图 4–5（b）表示另一个 C 源程序文件 file2.c 的内容为 B。当编译预处理程序对 file1.c 进行处理时，由于有#include<file2.c>命令，于是将 file2.c 的内容 B 包含在 file1.c 中，即用 file2.c 的内容 B 替换命令行#include<file2.c>，结果如图 4–5（c）所示。经过编译预处理后，在 file1.c 中就不必再定义 file2.c 包含的内容，可以直接使用，节省了编程工作量。

说明：

（1）一个#include 命令只能指定一个被包含文件，如果需要包含 n 个文件，可以用 n

个 include 命令。

（2）#include 命令应书写在所有文件的开头，所以有时候也把包含文件称作“头文件”。头文件常用 h 作为后缀，当然也可以用其他后缀或没有后缀。

（3）如果文件 f1 包含文件 f2，f2 又包含文件 f3，这种情况叫作包含嵌套。包含嵌套的处理方式有两种，如图 4–6 所示。

（4）C 语言本身也为用户提供了许多库子程序，包括标准函数和宏定义。用户可以在自己的程序中使用这些库子程序完成一系列工作。与函数相关的信息存在一些后缀为.h 的头文件中。用户要想使用这些库函数，必须用#include 命令将有关头文件包含在自己的源程序中。

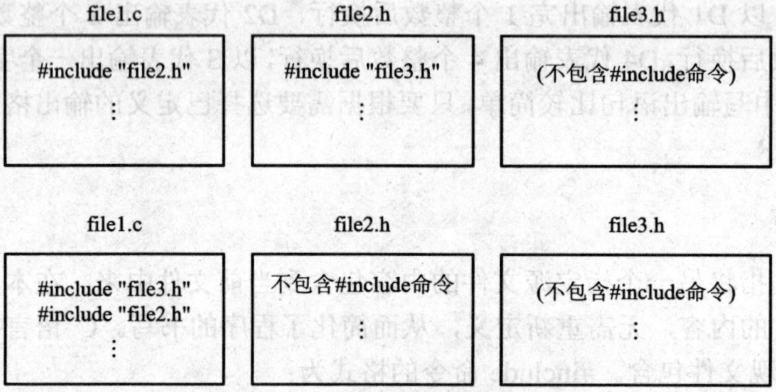

图 4–6　包含嵌套的两种处理方式

4.5.3　条件编译

C 语言的预处理器还提供了条件编译能力，它使得同一程序在不同的编译条件下能够产生不同的目标代码文件。条件编译有时能够帮助解决程序的可移植性问题，也便于对程序进行调试。

1. #ifdef 和#endif 语句

#ifdef、#endif 和#else 语句可以作为条件编译控制语句，一般的使用方式是

```
#ifdef identifier
  statements1
#else
  statements2
#endif
```

其作用是：如果 identifier 已定义过，那么 statements1 参加编译；否则 statements2 参加编译。statements1，statements2 都可以包含任意语句。上列条件编译中的#else 部分可以默认，即

```
#ifdef identifier
  statements
#endif
```

其作用是：如果 identifier 定义过，那么 statements 参加编译，否则不参加编译。

2. #if 语句

预处理语句#if 提供了按条件控制编译的方法。其一般使用方式是

```
  #if exp
 statements1
#else
 statements2
#endif
```

#if 语句用来测试表达式 exp 的逻辑值是“真”还是“假”。如若为“真”，则 statements1 参加编译；否则 satements2 参加编译。同样，statements1 和 statement2 都可以是一组语句，#else 部分（包括 statements2）也可以缺省。

4.5.4　举例

【例 4–19】编写程序，定义一个带参数的宏，从 3 个数中找出最大者。

```
#include<stdio.h>
#define MAX(a,b) (a)>(b)?(a):(b)
void main()
{
  int a,b,c;
  printf("请输入 3 个整数：");
  scanf("%d,%d,%d",&a,&b,&c);
  printf("3 个中最大值为：%d\n",MAX(MAX(a,b),c));
}
```

运行结果：

```
  请输入 3 个整数：98,65,130↙
  3 个中最大值为：130
```

【例 4–20】设计一个简单的加密程序，把当前的字母变成下一个字母。例如，把 a 变成 b，…，把 z 变成 a，但其他字符不变。用条件编译方法实现选择。

```
#include<stdio.h>
#define MAX 80
#define CHANGE 1
void main()
{
  int i;
  char str[MAX];
  printf("请输入文本行：\n");
  scanf("%s",str);
  #if(CHANGE)
  {
   for(i=0;i<MAX;i++)
    {
     if(str[i]!='\0')
      if(str[i]>='a'&&str[i]<'z'||str[i]>='A'&&str[i]<'Z')
      str[i]+=1;
     else if(str[i]=='Z'||str[i]=='z')
       str[i]-=25;
    }
   }
```

```
  #endif
  printf("%s",str);
}
```

运行结果：

```
bghmz↙
china
```

4.6　正确使用库函数

所有实用的 C 程序都必须使用库函数，所以在学习 C 程序设计时，首先必须懂得如何引用库函数。

引用库函数时的首要条件是使用系统头部文件。因为所有库函数都提供了一个头部文件，在该头部文件中，已经精确地描述了自变量类型与返回类型的说明，所以为了保证能够得到正确的结果，就必须使用系统头部文件。本节通过分析错误引用的实例来加深对正确引用库函数的印象。

首先必须保证库函数及头部文件的引用是相互匹配的。下面的例子在引用库函数时犯了与头部文件不匹配的错误。

【例 4–21】 输入两个整数，求它们差的绝对值。

```
#include <stdio.h>
void main()
{
 int x,y,z;
 scanf("%d %d",&x,&y);
 z=abs(x-y);
 printf("%d-%d 的绝对值为%d",x,y,z);
}
```

求绝对值的库函数 abs 的头部文件在 math.h 里，正确的包含应为

```
#include <math.h>
```

如果程序包含的头文件是对的，下一步就要正确调用它。在使用库函数时，一定要弄清楚怎样才是正确的调用。

【例 4–22】 求 10 除以 3 的余数。

```
#include <stdio.h>
void main()
{
 int x,y;
 float z;
 x=10;
 y=3;
 z=fmod(x,y);
 printf("z=%d\n",z);
}
```

从库函数手册中可知，函数的定义如下：

```
double fmod(double x,double y);
```

函数 fmod()的原型在 math.h 中。它是求 x/y 的余数，返回求出的余数值。

该程序包含的头部文件不对，而且调用方式不对。还有给出的两个数是整数，函数要求的是双精度数。正确的程序如下：

```
#include <stdio.h>
#include <math.h>
void main()
{
 double x,y,z;
 x=10.0;
 y=3.0;
 z=fmod(x,y);
 printf("z=%2.1f\n",z);
}
```

程序运行结果：

```
1.0
```

更简单的程序如下：

```
#include <stdio.h>
#include <math.h>
void main()
{
 printf("z=%2.1f\n",fmod(10.0,3.0));
}
```

由此可见，大部分库函数都很简单，人们都能正确地使用它们。常常发生问题的原因是对库函数里定义的数据类型没有掌握。

4.7　实 训 案 例

一、实训目的

1. 掌握 C 语言中定义、调用函数的方法。
2. 掌握函数形参与实参的参数传递关系。

二、实训内容和要求

1. 调试程序，注意函数调用过程中形参与实参的关系。

```
#include<stdio.h>
main()
{ int t,x=2,y=5;
  void swap(int,int);
  printf("(1)in main:x=%d,y=%d\n",x,y);
  swap(x,y);
  printf("(4)in main:x=%d,y=%d\n",x,y);
 }
 void swap(int a,int b)
```

```
{int t;
 printf("(2)in swap:a=%d,b=%d\n",a,b);
 t=a;
 a=b;
 b=t;
 printf("(3)in swap:a=%d,b=%d\n",a,b);
}
```

2. 调试程序，并写出运行结果。

```
#include <stdio.h>
int fun(int x)
{ int s;
  if(x==0||x==1)  return 3;
  s=x-fun(x-3);
  return  s;
}
main()
{
 printf("%d\n",fun(3));
}
```

3. 写两个函数，分别求两个正数的最大公约数和最小公倍数，用主函数调用这两个函数并输出结果。两个正数由键盘输入。

三、实训程序参考源代码

```
#include <stdio.h>
hcf(u,v)
int u,v;
{int a,b,t,r;
 if(u>v)
   {t=u;
    u=v;
    v=t;}
 a=u;
 b=v;
 while((r=b%a)!=0)
 {b=a;
  a=r;}
 return a;
}
lcd(u,v,h)
int u,v,h;
{return (u*v/h);
 }
main()
{int u,v,h,l;
 scanf("%d%d",&u,&v);
```

```
 h=hcf(u,v);
 printf("H.C.F=%d\n",h);
 l=lcd(u,v,h);
 printf("L.C.D=%d\n",l);
}
```

4.8　习　　题

1. 建立函数的目的之一是______。

A. 提高程序的执行效率　　B. 提高程序的可读性

C. 减少程序的篇幅　　D. 减少程序文件所占的内存

2. 以下正确的说法是______。

A. 用户若需调用标准库函数，调用前必须重新定义

B. 用户可以重新定义标准库函数，若如此，该函数将失去原有含义

C. 系统根本不允许用户重新定义标准库函数

D. 用户若需调用标准库函数，调用前不必使用预编译命令将该函数所在文件包括到用户原文件中，系统将自动去调

3. 以下正确的函数定义形式是______。

A. double fun（int x，int y）　　B. double fun（int x；int y）

C. double fun（int x，int y）　　D. double fun（int x，y）;

4. 以下正确的函数形式是______。

A.
```
double fun（int x，int y）
{ z=x+y;
return z; }
```
B.
```
fun（int x，y）
{ int z;
return  z; }
```
C.
```
fun（int x，y）
{ int x，y;
double z;
z=x+y;
return  z; }
```
D.
```
double fun（int x，int y）
{ double z;
z=x+y;
return z; }
```

5. 以下在 C 语言正确的说法是______。

A. 实参和与其对应的形参各占用独立的存储单元

B. 实参和与其对应的形参共占用一个存储单元

C. 只有当实参和与其对应的形参同名时才共同占用存储单元

D. 形参是虚拟的，不占用存储单元

6. 若调用一个函数，且此函数中没有 return 语句，则正确的说法是该函数______。

A. 没有返回值

B. 返回若干个系统默认值

C. 能返回一个用户所希望的函数值

D. 返回一个不确定的值

7. 以下不正确的说法是 C 语言规定______。

A. 实参可以是常量、变量或表达式

B. 形参可以是常量或表达式

C. 实参可以为任意类型

D. 形参应与其对应的实参类型一致

8. 以下程序有语法性错误，有关错误原因的正确说法是______。

```
main()
{
int  G=5, k;
void prt_char();
...
k=prt_char(G);
...
}
```

A. 语句 void prt_char()；有错，它是函数调用语句，不能用 void 说明

B. 变量名不能使用大写字母

C. 函数说明和函数调用语句之间有矛盾

D. 函数名不能使用下划线

9. C 语言允许函数值类型默认定义，此时该函数值隐含的类型是______。

A. float 型　　B. int 型　　C. long 型　　D. double 型

10. C 语言规定，函数返回值的类型是由______。

A. return 语句中的表达式类型所决定

B. 调用该函数时的主调函数类型所决定

C. 调用该函数时系统临时决定

D. 在定义该函数时所指定的函数类型所决定

11. 函数调用可以

A. 出现在执行语句中　　B. 出现在一个表达式中

C. 作为一个函数的实参　　D. 作为一个函数的形参

以上错误的描述是______。

12. 若用数组名作为函数调用的实参，传递给形参的是______。

A. 数组的首地址　　B. 数组第一个元素的值

C. 数组中全部元素的值　　D. 数组元素的个数

13. 以下程序的功能是计算函数 F（x，y，z）=（x+y）/（x−y）+（z+y）/（z−y）的值，请填空。

```
#include <stdio.h>
```

```
#include <math.h>
float  f(float,float);
main()
{
 float x,y,z,sum;
 scanf("%f%f%f",&x,&y,&z);
 sum=f(【1】)+f(【2】);
 printf("sum=%f\n",sum);
}
float  f(float a,float b)
{
 float value;
 value=a/b;
 return(value);
}
```

14. 以下程序是选出能被 3 整除且至少有一位是 5 的两位数，打印出所有这样的数及其个数。请填空。

```
sub(int k,int n)
 { int a1,a2;
  a2=【1】;
  a1=k-【2】;
  if((k%3= =0&&a2= =5)||(k%3= =0&&a1= =5))
   { printf("%d",k);
     n++;
     return  n;
  }
 else  return -1;
 }
main()
 {int n=0,k,m;
  for(k=10;k<=99;k++)
   {
    m=sub(k,n);
    if(m!=-1)n=m;
  }
  printf("\nn=%d",n);
}
```

15. C 语言规定，可执行程序的开始执行点是______。

16. 在 C 语言中，一个函数一般由两个部分组成，它们是【1】和【2】。

17. 下面 add 函数的功能是求两个参数的和并将和值返回调用函数。函数中错误的部分是【1】；改正后为【2】。

```
void  add(float a,float b)
 {
float c;
  c=a+b;
```

```
 return c;
}
```

18. 以下程序的运行结果是______。

```
main()
{
int i=2,x=5,j=7;
  fun (j,6);
printf("i=%d;j=%d;x=%d\n",i,j,x);
}
fun(int i,int j)
 {
int x=7;
  printf("i=%d;j=%d;x=%d\n",i,j,x);
}
```

19. 以下程序的运行结果是______。

```
main()
{
increment();
  increment();
  increment();
}
increment()
{
int x=0;
x+=1;
printf("%d",x);
}
```

20. 以下程序的运行结果是______。

```
#include <stdio.h>
main()
{int a=1,b=2,c;
 c=max(a,b);
 printf("max is %d\n",c);
}
max(int x,int y)
{int z;
 z=(x>y)?x:y;
 return(z);
}
```

21. 以下程序的运行结果是______。

```
#include <stdio.h>
f(int n)
{int i,j,k;
 i=n/100;
j=n/10-i*10;
k=n%10;
```

```
 if(i*100+j*10+k==i*i*i+j*j*j+k*k*k)return n;
 else return 0;}
main()
{int n,k;
 printf("output:");
 for(n=100;n<1000;n++)
 {k=f(n);
 if(k!=0)
 printf(" %d",k);
 }
  printf("\n");
 }
```

22. 以下程序的运行结果是输出如下图形，请填空。

```
      *
    * * *
  * * * * *
* * * * * * *
  * * * * *
    * * *
      *
```

```
# include  <stdio.h>
void a(int i)
{
int j,k;
for(j=0;j<=7-i;j++) printf(" ");
  for(k=0;k<【1】;k++) printf("*");
  printf("\n");
 }
main()
{
int i;
  for(i=0;i<3;i++)【2】;
  for(i=3;i>=0;i--)【3】;
}
```

23. 以下程序的运行结果是______。

```
int a=3,b=5;
max(a,b)
{
int c;
  c=a>b?a:b;
  return(c);
}
main()
{
int a=8;
```

```
printf("%d",max(a,b));
}
```

24. 编程题。

（1）设计两个函数，分别求矩形的周长和面积，并在主函数中调用这两个子函数。

（2）在主函数中输入 3 个数，调用函数找出最大和最小的，并在主函数中输出。

（3）求 100！的值。

（4）用带参数的宏实现对两个整数求余，两个整数的值从键盘输入。

第 5 章　数组和指针

在前面的章节中使用的都是基本数据类型。除了 4 种基本数据类型之外，C 语言还提供了构造类型的数据结构，它们有数组类型、结构体类型和共用体类型。构造类型数据是由基本类型数据按一定规则组成的，本章首先向大家介绍数组类型的构造数据结构。

另外，指针也是这章要介绍的重点，指针是C语言中最有特色又最难掌握的部分。正确、灵活地使用指针，可以提高程序的执行效率；可以动态地分配内存，避免分配多余的内存而造成内存空间的浪费；还可以使程序的结构更加简洁、紧凑和清晰。

5.1　构造类型——数组

数组是由相同类型的变量按照一定的次序组织起来的数据类型，在C语言程序设计中应用非常广泛。构成数组的变量称为数组元素。定义数组时，必须指定数组名、数组的大小和数组类型。数组类型就是数组元素的类型。

5.1.1　一维数组

1. 一维数组的定义

一维数组是元素按照线性次序顺序排列的一种构造类型。

一维数组的定义格式如下：

类型说明符　数组名［常量表达式］;

其中，类型说明符用来说明数组的数据类型。常量表达式也称为下标，下标必须使用方括号将其括起来。如：

```
Char c[10];            /*定义了一个字符型数组，元素个数为 10*/
long x[5];             /*定义了一个长整型数组，元素个数为 5*/
double d[100];         /*定义了一个双精度数组，元素个数为 100*/
```

2. 使用时的注意事项

（1）数组名的定名规则与变量名相同，遵循标识符定名规则。

（2）数组名后面必须跟一对方括号，不能使用圆括号。

（3）常量表达式表示元素的个数，即数组的长度。

例如，在 char c[10]中，10 表示 c 数组有 10 个元素，下标从 0 开始，这 10 个元素是 c[0]，c[1]，c[2]，c[3]，c[4]，c[5]，c[6]，c[7]，c[8]，c[9]。特别要注意，不能使用数组 c[10] 这个元素。

（4）常量表达式中可以包括常量和符号常量，不能包含变量。C 语言不能将数组定义成动态形式。

（5）一维数组名就代表整个数组的起始地址。例如，上面定义的数组 c，c 就代表了这个数组的地址。

3. 一维数组的使用方法

（1）在定义数组时对数组元素进行初始化，如：

```
int a[10]={0,1,2,3,4,5,6,7,8,9};
```

将数组元素依次放在一对花括号内，执行该语句后，数组 a 中的各个元素如下：

```
a[0]=0,a[1]=1,a[2]=2,a[3]=3,a[4]=4,a[5]=5,a[6]=6,a[7]=7,a[8]=8,a[9]=9
```

（2）可以只给一部分元素赋值，如：

```
int a[10]={0,1,2,3};
```

定义数组 a 有 10 个元素，但花括号内只提供 4 个初值，这表示只给前面 4 个元素赋初值，后 6 个元素未赋初值。未赋初值的各元素系统自动赋初值为 0。

（3）在对全数组元素赋初值时，可以不指定数组长度，如：

```
int a[4]={0,1,2,3};
```

可以写成：`int a[ ]={0,1,2,3};`

（4）数组在定义后，即可直接引用，格式如下：

数组名［下标］

【例 5–1】数组元素的引用。

```
#include <stdio.h>
main()
{
int i,a[10];
    for (i=0;i<=9;i++)
        a[i]=i;
    for (i=9;i>=0;i--)
        printf("%d",a[i]);
}
```

运行结果如下：

```
9 8 7 6 5 4 3 2 1 0
```

4. 一维数组的应用举例

【例 5–2】从键盘输入 10 个数，分别将这 10 个数顺序和逆序输出。

```
#include <stdio.h>
main()
{
int i,a[10];
   printf("Please input ten numbers:\n");
   for(i=0;i<10;i++)
      scanf("%d",&a[i]);      /*输入 10 个数*/
   printf("\n");
   for(i=0;i<10;i++)
      printf("%6d",a[i]);    /*顺序输出*/
  printf("\n");
```

```
    for(i=9;i>=0;i--)
      printf("%6d",a[i]);   /*逆序输出*/
}
```

【例 5–3】假设有 5 名学生期中考试共 5 门课程，要求输入各门成绩并计算出每个学生的总分和平均成绩。

```
#include "stdio.h"
void main()
{
float score[5],sum,aver;
 int i,j;
 for(i=0;i<5;i++)
    {sum=0;aver=0;
     for(j=0;j<5;j++)
        {scanf("%f",&score[j]);
         sum=sum+score[j];
        }
        aver=sum/5;
    printf("该学生的总分为%5.2f\t 平均成绩为：%5.2f\n",sum,aver);
    }
}
```

运行结果如下：

```
61 64 65 77 67
该学生的总分为 334.00   平均成绩为：66.80
88 89 87 80 84
该学生的总分为 428.00   平均成绩为：85.60
67 76 87 68 90
该学生的总分为 388.00   平均成绩为：77.60
76 77 74 79 72
该学生的总分为 378.00   平均成绩为：75.60
56 54 76 65 69
该学生的总分为 320.00   平均成绩为：64.00
```

【例 5–4】用冒泡法对 10 个数进行排序（由小到大）。冒泡法的思路是从前到后扫描数据序列，比较相邻 2 个数的大小，将小的数调到前头，大的数沉底，如图 5–1 所示。

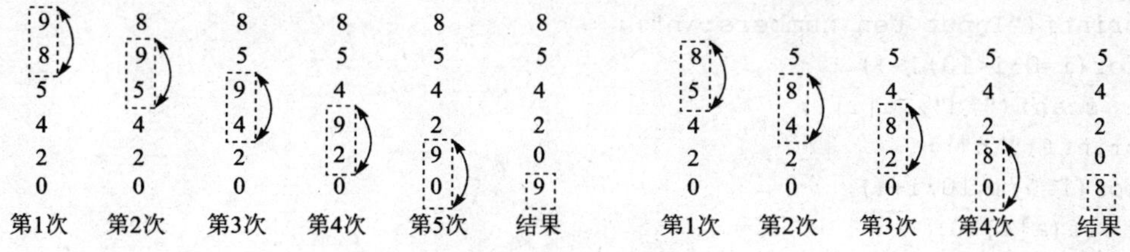

图 5–1　冒泡排序

假设有 6 个数据，第一次将 8 和 9 进行比较后对调，第二次将 9 和 5 进行比较后对调，第三次……直到所有的数均比较完毕后，9 已经沉到了最底层，这时候最小的数 0 上浮了一位。经过这次比较后，得到最大的数，然后进行第二轮比较，对余下来的数据进行比较。第二轮要比第一轮少一次，只需 4 次就可得到目前最大的数。以此类推，一直比较完毕后得到的就是按顺序排列的数据。

程序如下：

```
#include "stdio.h"
void main()
{
int a[10];
 int i,j,t;
 printf("Input ten numbers:\n");
 for(i=0;i<10;i++)
    scanf("%d",&a[i]);
 printf("\n");
 for(j=0;j<9;j++)
    for(i=0;i<10-j;i++)
       if(a[i]>a[i+1])
       {t=a[i];a[i]=a[i+1];a[i+1]=t;}
 printf("the score numbers:\n");
 for(i=0;i<10;i++)
 printf("%d ",a[i]);
}
```

运行结果：

```
Input ten numbers:
-23 45 63 12 90 -76 66 100 298 1
the score numbers:
-76 -23 1 12 45 63 66 90 100 298
```

【例 5-5】用冒泡法对 10 个数进行排序（由小到大）并计算小于 0 的个数和累计它们的值。

此问题与上一个例题相似，先将数据读入数组中，然后对它们进行排序，在排序的过程中，判断是否小于 0，若条件满足，则进行累计，最后输出其结果。

```
#include "stdio.h"
void main()
{
 float a[10],t,sum=0.00;
 int i,j,n0=0;
 printf("Input ten numbers:\n");
 for(i=0;i<10;i++)
    scanf("%d",&a[i]);
 printf("\n");
 for(i=0;i<10;i++)
    if(a[i]<0)
    {n0=n0+1;
     sum=sum+a[i];
    }
 for(j=0;j<9;j++)
    for(i=0;i<10-j;i++)
       if(a[i]>a[i+1])
```

```
    {t=a[i];a[i]=a[i+1];a[i+1]=t;}
printf("the score numbers:\n");
for(i=0;i<10;i++)
printf("%5.2f ",a[i]);
printf("\n");
printf("n0=%d\t  sum=%5.2f\n",n0,sum);
}
```

运行结果：

```
Input ten numbers:
1.23 -6.77 5.48 1.025 -9.20 -4.15 8.17 3.41 7.21 -11.702
the score numbers:
-11.702 -9.20 -6.77 -4.15 1.025 1.23 3.41 5.48 7.21 8.17
n0=4      sum=-5.297
```

5.1.2 二维数组

1. 二维数组的定义

二维数组定义的格式为：

类型说明符 数组名［常量表达式］［常量表达式］;

如：

```
char c[5][10];      /*定义一个字符型 5 行 10 列的数组*/
long x[3][4];       /*定义一个长整型 3 行 4 列的数组*/
double d[5][7];     /*定义一个双精度型 5 行 7 列的数组*/
```

2. 使用时的注意事项

（1）数组名的命名、数据类型定义方式、数组长度与类型的选取要求同一维数组。

（2）数组名后面紧跟的两个方括号里面分别存放数组的第一维长度和第二维长度，数组元素的个数就是两维长度之积。

（3）可以认为二维数组是一维数组的延伸：二维数组是特殊的一维数组，它的元素类型又是一维数组。如上例定义 long x[3][4]; 数组 x 可以看作是含有 3 个元素 x[0]，x[1]，x[2]的一维数组，而这每一个元素又是一个含有 4 个长整型元素的一维数组。

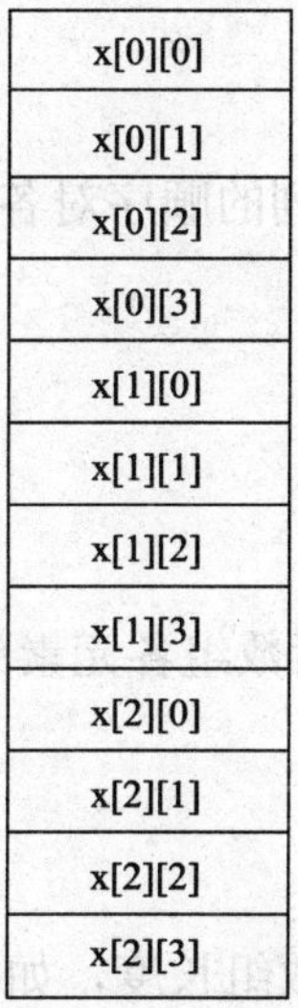

图 5–2 二维数组存放情况

（4）二维数组名代表二维数组的起始地址，上面定义中，x 即代表数组 x 的起始地址，而 x[0]，x[1]，x[2]并不是真正的数组元素而是分别代表第 0 行、第 1 行、第 2 行的起始地址。

（5）在 C 语言里，采用行优先的方式来存储二维数组，即先存放第 0 行的元素，再存放第 1 行的元素……同一行中再按列顺序存放。如上面定义的 x 是一个 3 行 4 列的数组，它在内存中的存储如图 5–2 所示。

二维数组存放的规律为：第二维的下标变化快，第一维的下标变化慢；像数组 x 在内存的存放顺序，先存放第 0 行的元素，第一维的下标为 0，第二维的下标由 0 变化到 3，再存放第 1 行的元素，第一维的下标为 1，第二维的下标由 0 变化到

3，然后是第 3 行的元素。

3. 二维数组的使用方法

（1）直接引用赋值。数组在定义后，即可直接引用，格式如下：

数组名[下标 1][下标 2]

设有定义：long x[3][4];

那么 x[0][2]，x[2][3]，x[1][1]都是合法的引用方式；而 x[3][1]，x[2][4]，x[3][4]都是非法的引用。和一维数组一样二维数组的下标也是从 0 开始。

【例 5–6】二维数组的应用。

```
#include "stdio.h"
void main()
{int a[3][4],i,j,t=1;
 for(i=0;i<3;i++)
    for(j=0;j<4;j++)
      {a[i][j]=t;
       printf("%5d",a[i][j]);
       t=t++;
       if(j>=3)
         printf("\n");}
}
```

运行结果：

```
    1    2    3    4
    5    6    7    8
    9   10   11   12
```

（2）初始化赋值。在定义数组时对数组元素进行初始化，如：

```
long x[3][4]={{1,2,3,4},{5,6,7,8},{9,10,11,12}};
```

将二维数组第 1 行中的元素放在第 1 对花括号内；第 2 行中的元素放在第 2 对花括号内……即按行进行赋初值。执行该语句后，数组 x 中的各个元素如下：

```
x[0][0]=1      x[0][1]=2      x[0][2]=3      x[0][3]=4
x[1][0]=5      x[1][1]=6      x[1][2]=7      x[1][3]=8
x[2][0]=9      x[2][1]=10     x[2][2]=11     x[2][3]=12
```

（3）顺序排列赋值。将所有数据写在同一个花括号内，按数组排列的顺序对各元素赋初值，如：

```
long x[3][4]={1,2,3,4,5,6,7,8,9,10,11,12};
```

效果与前面一种相同。

（4）部分赋值。可以对部分元素赋初值，如：

```
long x[3][4]= {{1},{0,6},{0,0,11}};
```

它的作用是只对部分元素进行赋初值，其余元素均为 0。赋初值后数组各元素为：

$$\begin{bmatrix} 1 & 0 & 0 & 0 \\ 0 & 6 & 0 & 0 \\ 0 & 0 & 11 & 0 \end{bmatrix}$$

（5）不指定长度赋值。在对全部数组元素赋初值时，可以不指定数组长度，如：

```
long x[3][4]={1,2,3,4,5,6,7,8,9,10,11,12};
```

可以写成：

```
long x[ ][4]={1,2,3,4,5,6,7,8,9,10,11,12};
```

即对第一维的长度可以不指定，但第二维的长度不能省略。

4. 二维数组的应用举例

【例 5–7】将一个二维数组行和列元素互换，存到另一个二维数组中，如图 5–3 所示。

$$a=\begin{bmatrix}1 & 2 & 3\\ 4 & 5 & 6\end{bmatrix}\qquad b=\begin{bmatrix}1 & 4\\ 2 & 5\\ 3 & 6\end{bmatrix}$$

图 5–3　二维数组行和列元素互换示意图

程序如下：

```
#include "stdio.h"
void main()
{
int a[2][3]={1,2,3,4,5,6};
 int b[3][2],i,j;
 printf("array a:\n");
 for(i=0;i<=1;i++)
 {
     for(j=0;j<=2;j++)
      {printf("%5d",a[i][j]);
       b[j][i]=a[i][j];
      }
    printf("\n");
 }
    printf("array b:\n");
    for(i=0;i<=2;i++)
    {for(j=0;j<=1;j++)
       printf("%5d",b[i][j]);
     printf("\n");
    }
}
```

运行结果：

```
    array a:
       1    2    3
       4    5    6
    array b:
4
5
6
```

【例 5–8】在矩阵中若有元素在它所在的行最小，而在它所在的列最大，则称这样的元素为鞍点。查找一个矩阵中的鞍点并输出。

```
#define M 5
#define N 6
```

```
main()
{
int a[M][N];
 int i,j,k,m;
 int flag=0;
 printf("\nPlease input array:\n");
 for(i=0;i<M;i++)
    for(j=0;j<N;j++)
    scanf("%d",&a[i][j]);          /*输入数组元素*/
 for(i=0;i<M;i++)
    {
m=0;
     for(j=0;j<N;j++)
        if(a[i][j]<a[i][m])m=j;  /*找当前行的最小元素，m 指向其列标*/
     for(k=0;k<M;k++)
        if(a[k][m]>a[i][m])
break;
     if(k>=M)                        /*判断该元素在其所在的列是否最大*/
       {
flag=1;
printf("\n%d,%d,%d",i,m,a[i][m]);}  /*若该元素是鞍点，输出*/
    }
 if(flag==0) printf("\nnone.");
}
```

【例 5–9】假设某班有 5 名学生参加期中考试，共 4 门课程。要求输入各门成绩，计算出每个学生的总分和平均成绩，并以表格的形式输出。

分析：

定义一个二维数组变量 a[6][6]，其中 a[0][0],a[1][0],a[2][0]……分别为每位学生的学号，a[0][5],a[1][5],a[2][5]……分别为每位学生的总分。使用双重循环将每位学生各门成绩读入并保存在二维数组中，计算出总分后将其结果以表格形式输出。

程序如下：

```
   #include <stdio.h>
void main()
{
  int a[6][6];
  int i,j;
  for(i=0;i<5;i++)
  {
   a[i][5]=0;
   scanf("%d",&a[i][0]);
   for(j=1;j<5;j++)
     {
      scanf("%d",&a[i][j]);
      a[i][5]=a[i][5]+a[i][j];
     }
```

```
  }
  printf("                    学生成绩表\n");
  printf("---------------------------------------------------------\n");
  printf("学号 计算机 VB 语言  VFP 语言 ASP 技术  总分\n");
  for(i=0;i<5;i++)
    {
      printf("---------------------------------------------------------\n");
      for(j=0;j<6;j++)
         printf("%d\t",a[i][j]);
      printf("\n");
    }
  printf("---------------------------------------------------------\n");
  scanf("%d",i);
}
```

运行结果：

```
                学生成绩表
------------------------------------------
学号 计算机 VB 语言  VFP 语言 ASP 技术  总分
------------------------------------------
01     75      70       65       62      272
------------------------------------------
02     69      79       86       84      318
------------------------------------------
03     68      78       79       92      317
------------------------------------------
04     89      85       84       72      330
------------------------------------------
05     84      72       90       68      314
------------------------------------------
```

【例 5–10】求杨辉三角形。

问题分析：

图 5–4 便是杨辉三角的一部分，需要找出其中的规律，以便着手编程。如图标识可以将杨辉三角分成三部分：① 第一列都为 1；② 对角线都为 1；③ 其余元素参照图中标识的 10、10、20 的相对位置关系，应该符合 20=10+10，即若 i 表示行，j 表示列，20 所在行为 i、所在列为 j，则满足 a[i][j]=a[i-1][j-1]+a[i-1][j]。

1										
1	1									
1	2	1								
1	3	3	1							
1	4	6	4	1						
1	5	10	10	5	1					
1	6	15	20	15	6	1				
1	7	21	35	35	21	7	1			
1	8	28	56	70	56	28	8	1		
1	9	36	84	126	126	84	36	9	1	
1	10	45	120	210	252	210	120	45	10	1

图 5–4　杨辉三角

程序实现：

```
#include <stdio.h>
#define N 11
main()
{
int a[N][N],i,j;
  for(i=0;i<N;i++)
    {
     a[i][0]=1;
     a[i][i]=1;}
  for(i=2;i<N;i++)
     for(j=1;j<N;j++)
       a[i][j]=a[i-1][j-1]+a[i-1][j];
  for(i=0;i<N;i++)
   {for(j=0;j<=i;j++)
    printf("%6d",a[i][j]);
    printf("\n");
    }
   }
```

5.1.3 字符数组

1. 字符数组的定义

字符数组是指数组元素为字符型的数组，每个数组元素存放一个字符。字符数组的定义、引用、初始化方式和普通数组类似，但是字符型数组常用来存放字符串，因此，字符数组的使用又有些特别之处。

定义格式：

```
   类型说明符 数组名[常量表达式];
char a[10];定义一个一维字符数组。
char b[2][3];定义一个二维字符数组。
```

如：

```
  char a[10];
a[0]='I';a[1]=' ';a[2]='a';a[3]='m';a[4]=' ';
a[5]='h';a[6]='a';a[7]='p';a[8]='p';a[9]='y';
```

定义后的字符数组 a 在赋值后状态如图 5–5 所示。

I		a	m		h	a	p	p	y
a[0]	a[1]	a[2]	a[3]	a[4]	a[5]	a[6]	a[7]	a[8]	a[9]

图 5–5　字符数组 a 赋值后的情况

2. 字符数组的初始化

（1）逐个字符赋给数组中各元素。

```
char a[10]={'I',' ','a','m',' ','h','a','p','p','y'};
```

如果提供初值的个数大于数组长度，则按语法错误处理。

如果提供初值的个数小于数组长度，则将字符赋给数组前面那些元素，其余的元素自动定义为空字符即“\0”。如：

```
char a[10]={'C',' ','p','r','o','g','r','a','m'};
```

字符数组 a 赋值后状态如图 5–6 所示。

C		p	r	o	g	r	a	m	\0
a[0]	a[1]	a[2]	a[3]	a[4]	a[5]	a[6]	a[7]	a[8]	a[9]

图 5–6　字符数组 a 赋值的情况

如果提供的初值个数与预定的数组长度相同，在定义时可省略数组长度，如：

```
char a[10]={'I',' ','a','m',' ','h','a','p','p','y'};
```

可写成：

```
char a[ ]={'I',' ','a','m',' ','h','a','p','p','y'};
```

（2）用字符串常量来给字符数组初始化。

```
char a[ ]={"I am happy"};
```

也可将花括号省略，写成：

```
char a[ ]="I am happy";
```

注意：

在每一个字符串的结尾有一个“字符串结束标志”（\0）用来判断字符串是否结束，这个标志是系统自动加上的。所以在上例的这个字符串中，字符串常量的最后由系统加上一个“\0”。这个数组 a 的长度就是 11，在内存中占 11 个字节，有效字符是 10 个。和下面的初始化等价：

```
char a[ ]={'I',' ','a','m',' ','h','a','p','p','y','\0'};
```

如果要存放多个字符串，可以定义和初始化一个二维数组：

```
char str[ ][10]={"Nanjing","Beijing","Shanghai"};
```

对数组 str 赋值后，状态如图 5–7 所示。

str[0]	N	a	n	j	i	n	g	\0	
str[1]	B	e	i	j	i	n	g	\0	
str[2]	S	h	a	n	g	h	a	i	\0

图 5–7　字符串数组 str 赋值后的情况

3. 字符串的输入

除了可以用初始化方法使字符数组得到确定的初值以外，还可以用 scanf 函数和 gets 函数输入字符或字符串。

（1）scanf()。用格式符“%c”逐个字符输入。

```
char c[10];
scanf("%c",&c[0]);
```

表示通过键盘向数组元素 c[0]输入一个字符。

用格式符“%s”将整个字符串一次输入。

```
char c[10];
scanf("%s",c);
```

注意：

① scanf 中的输入项是数组名，数组名代表数组的起始地址，不需要再加&。

② 从键盘输入的字符串应短于已定义的字符数组的长度。

例如，从键盘输入：

```
China↙
```

系统自动在后面加一个“\0”结束符。

③ 如果利用一个 scanf 函数输入多个字符串，则用空格分隔。如：

```
char c1[6],c2[6],c3[6];
scanf("%s%s%s",c1,c2,c3);
```

从键盘输入：

```
I am happy↙
```

输入后 c1,c2,c3 数组状态如图 5–8 所示，数组中未被赋值的元素的值是不确定的。

I	\0				
a	m	\0			
h	a	p	p	y	\0

图 5–8　多个字符串数组赋值的情况

若改为

```
char c[11];
scanf("%s",c);
```

如果输入以下一串字符：

```
I am happy↙
```

实际上并不是把这 10 个字符加上“\0”送到数组 c 中，而只将空格前的字符“I”送到 c 中，由于把“I”作为一个字符串处理，因此在其后加上“\0”。c 数组状态如图 5–9 所示。

I	\0									

图 5–9　用 scanf()函数给数组 c 赋值的情况

scanf 函数用“空格”作为分隔符，遇到空格或回车键则认为串结束，即接收的字符串不能包含空格。为了解决 scanf 函数不能完整地读入带有空格字符的字符串，C 语言提供了一个专门用于输入字符串的函数 gets()。

（2）gets()。它的作用是从终端输入一个字符串到字符数组，并且得到一个函数值，该函数值是字符数组的起始地址。如：

```
char c[11];
gets(c);
```

从键盘输入：

```
I am happy↙
```

赋值后数组 c 的状态如图 5–10 所示。

I		a	m		h	a	p	p	y	\0

图 5–10　用 gets()函数给数组 c 赋值的情况

所以 gets 函数接收的字符串可以包含“空格”字符，以回车键作为输入结束。

4. 字符串的输出

（1）printf()。printf 函数也可用格式符“%c”和“%s”对字符和字符串作输出。

【例 5–11】 有以下程序：

```
main()
{
char a[11]={'I',' ','a','m',' ','h','a','p','p','y'};
 printf("%c,%s",a[0],a);
}
```

运行结果：

```
I,I am happy
```

注意：

输出元素时要指明下标，并且格式符用“%c”；输出字符串时，写出数组名，并且格式符用“%s”；最后字符串输出时不包括“\0”字符。

（2）puts()。puts 函数的作用是将一个字符串输出到终端。

【例 5–12】 字符串的输出。

```
#include <stdio.h>
main()
{
int i;
 char str[ ][10]={"Nanjing","Beijing","Shanghai"};
 for(i=0;i<3;i++)
 puts(str[i]);
}
```

运行结果：

```
Nanjing
Beijing
Shanghai
```

说明：

在输出时将字符串结束标志“\0”转换成“\n”，即一个字符串输出完后就换行。

【例 5–13】 输出一个数字金字塔图形。

```
#include <stdio.h>
void main()
{
 static char diamond[][11]=
 {
  {",",",",",'1'},
  {",",",",'2','2','2'},
  {",",",",'3','3','3','3','3'},
  {",",'4','4','4','4','4','4','4'},
  {",'5','5','5','5','5','5','5','5','5'},
  {'6','6','6','6','6','6','6','6','6','6','6'}
 };
 int i,j;
```

```
  for(i=0;i<6;i++)
    {
     for(j=0;j<11;j++)
        printf("%c",diamond[i][j];
        printf("\n);
     }
}
```

运行结果：

```
     1
    222
   33333
  4444444
 555555555
66666666666
```

5. 字符串的处理函数

在 C 语言的函数库中还提供了一些专门用来处理字符串的函数，使用非常方便。这些函数的原型在头文件 string.h 中，在调用这些函数前一定要使用#include <string.h> 命令。

（1）字符串合并函数 strcat()。

strcat()函数的调用形式是：

```
strcat(str1,str2);
```

它的作用是连接 str1，str2 两个字符数组中的字符串，把 str2 接到 str1 的后面，结果放在 str1 中，函数调用后得到一个函数值——str1 的地址。如：

```
main()
{
 char str1[20]="Happy ";
 char str2[ ]="New Year!";
 strcat(str1,str2);
 printf("\n%s",str1);
}
```

运行结果：

```
Happy New Year!
```

（2）字符串比较函数 strcmp()。

strcmp()函数的调用形式是

```
strcmp(str1,str2);
```

这个函数的功能是比较字符串 str1 和字符串 str2。如：

```
strcmp("this","that");
strcmp("Computer","China");
```

字符串比较的规则是：对两个字符串自左向右逐个字符相比（按 ASCII 码值大小比较），直到出现不同的字符或遇到“\0”为止。如全部字符相同，则认为相等；若出现不相同的字符，则以第一个不相同的字符的比较结果为准。

比较的结果由函数值带回。

如果字符串 1 和字符串 2 相等，函数值为 0。

如果字符串1大于字符串2，函数值为一正整数。

如果字符串1小于字符串2，函数值为一负整数。

（3）字符串复制函数strcpy()。

strcpy()函数的调用形式：

```
strcpy(str1,str2);
```

此函数的作用是将字符串str2复制到字符串str1中，因此str1必须定义得足够大，以便能够容纳被复制的字符串。Str2 可以是字符串常量或者是已经赋值的字符数组，函数的返回值是str1的起始地址。

C 语言中不能直接将字符串常量或字符数组赋值给一个字符数组，但可以通过字符串复制函数strcpy来实现，如

```
char a[10];
a="string";
```

是错误的赋值方式，而

```
strcpy(a,"string");
```

是正确的赋值方式。

（4）求字符串长度函数strlen()。

strlen()函数的调用形式：

```
strlen(str);
```

函数的功能是求字符数组中存放的字符串的长度，此长度不包括字符串结束标志“\0”，返回值就是求得的长度。如：

```
char str[]="student";
printf("%d",strlen(str));
```

输出的结果是7。

（5）字符串小写函数strlwr()。

strlwr()函数的调用形式：

```
strlwe(str);
```

该函数的作用是将字符串str中的大写字母转换成小写字母。

（6）字符串大写函数strupr()。

strupr()函数的调用形式：

```
strupr(str);
```

该函数的作用是将字符串str中的小写字母转换成大写字母。

6. 字符数组应用举例

【例5–14】输入一行字符串，统计出其中有多少个单词，单词之间用空格分隔开来。

```
#include <stdio.h>
void main()
{
  char string[30];
  int i,num=0,word=0;
  char a;
  gets(string);
  for(i=0;(a=string[i])!='\0';i++)
     if(a==' ')
```

```
     word=0;
   else
     if(word==0)
     {
      word=1;
      num++;
     }
 printf("这行中有%d个单词\n",num);
}
```

运行结果：

```
   Where are you↙
   这行中有3个单词
```

【例 5–15】输入一个由字母组成的字符串，再分别以大写字母和小写字母形式输出该字符串。

```
   #include <stdio.h>
main()
{
char c[60];
 int k;
 printf("\nplease input the string:");
 gets(c);
 printf("\n");
 k=0;
 while(c[k]!='\0')
 {
if(c[k]>='a'&&c[k]<='z')
    putchar(c[k]-32);
  else putchar(c[k]);
  k++;
}
 printf("\n");
 k=0;
 while(c[k]!='\0')
 {
if(c[k]>='A'&&c[k]<='Z')
    putchar(c[k]+32);
  else putchar(c[k]);
  k++;
}
}
```

运行结果：

```
   please input the string:Happy New Year
   HAPPY NEW YEAR
   happy new year
```

【例 5–16】统计输入串中每个数字、字母和其他字符的个数。

分析：

此例将计算从标准输入设备上输入的字符串中每个数字及每个英文字母和其他字符的出现次数。用 ndigit[10]记录每个数字的出现次数，使用 nchar[26]记录每个字母出现的次数，使用 nother 记录其他字符的次数，程序如下：

```
#include <stdio.h>
main()
{char c;
 int i,nother;
 int ndigit[10],nchar[26];
 nother=0;
 for(i=0;i<10;i++)                              /*数组初始化*/
     ndigit[i]=0;
 for(i=0;i<26;i++)
     nchar[i]=0;
 while((c=getchar())!='\n')                     /*接收字符串*/
    if(c>='0'&&c<='9')
      ++ndigit[c-'0'];
    else if(c>='a'&&c<='z')
      ++nchar[c-'a'];
    else if(c>='A'&&c<='Z')
      ++nchar[c-'A'];
    else
       ++nother;
    printf("digits=");
 for(i=0;i<10;i++)
    printf("%d",ndigit[i]);
 printf("\ncharacters=");
 for(i=0;i<26;i++)
    printf("%d",nchar[i]);
 printf("\nother=%d\n",nother);
}
```

5.1.4　向函数传递数组

1. 值传递方式与地址传递方式

C 语言中，函数调用其实都是值传递方式，也就是说，实参和形参之间是单向传递的关系，即只能由实参传值给形参，而形参的变化不能影响到实参，函数调用前和函数调用后，实参的值是不变的。

地址传递方式其实也是值传递方式，但它是一种特殊的值传递方式。它传递的不是普通的数值，而是地址。这种方式下，作为形参和实参的值是地址值，仍然是由实参向形参单向赋值。在函数调用时，首先由实参向形参赋值，这时形参和实参的值是相同的，即实参和形参指示了相同的地址单元。所以在函数调用过程中，改变形参（地址值）所指示的单元的内容，也就相当于改变了实参所指示单元的内容，这正是地址传递方式的特点。

地址传递方式为函数之间传递数据提供了另一个渠道。

2. 数组名做实参

前面讲过，一般变量可作函数参数实现传值调用，同样数组元素作函数参数也能实现传值调用，但是数组名作函数参数却实现的是传址调用。因为在 C 语言里，规定数组名代表的是这个数组的首地址。

【例 5–17】数组名作函数参数的调用。

```
#include <stdio.h>
void main()
{
int a=1,b=9;
 int num[2];num[0]=a;num[1]=b;
 printf("交换前:a=%d   b=%d\n",a,b);
 swap1(a,b);
 printf("交换后:a=%d   b=%d\n",a,b);
 printf("交换前:num[0]=%d   num[1]=%d\n",num[0],num[1]);
 swap2(num);
 printf("交换后:num[0]=%d   num[1]=%d\n",num[0],num[1]);
}
swap1(x,y)
int x,y;
{
int temp=x;
 x=y;
 y=temp;
 printf("swap1:x=%d   y=%d\n",x,y);
}
swap2(m)
int m[];
{
int temp;
 temp=m[0];m[0]=m[1];m[1]=temp;
 printf("swap2:m[0]=%d   m[1]=%d\n",m[0],m[1]);
}
```

运行结果：

```
交换前:a=1   b=9
swap1:x=9   y=1
交换后:a=1   b=9
交换前:num[0]=1   num[1]=9
swap2:m[0]=9   m[1]=1
交换后:num[0]=9   num[1]=1
```

说明：

（1）函数 swap1()的功能是将形参 x 和 y 的值进行交换，但是在主函数中输出 a 和 b 的值会发现并没有交换，也就是形式参数的值改变并不影响实际参数。

（2）函数 swap2()的形参是一个数组名 m，在该函数体内对 m[]数组的 2 个元素值进行了交换，这时，当调用 swap2(num)后，num 数组的 2 个元素值发生了变化。因为 swap2(num)实际上是传址调用，这里的实际参数是地址值，即数组 num[]的首元素 num[0]的地址值。而形参是一个数组名，相当于一个指针，指向 num 数组的首地址，即 num[0]的地址。m[0]和 m[1]看起来是下标表示，实质上等价于指针表示，即按其地址的内容进行改变。

【例 5–18】 有一个一维数组 score，内放 10 个学生成绩，求平均成绩。

```
#include <stdio.h>
void main()
{
  float score[10],aver;
  float average();
  int i;
  char s;
  printf("input ten score:\n");
  for(i=0;i<10;i++)
  scanf("%f",&score[i]);
  printf("\n");
  aver=average(score);
  printf("average score is:%5.2f\n",aver);
  scanf("%c",s);
}
 float average(array)
 float array[10];
{
  int i;
  float aver,sum=array[10];
  for(i=0;i<10;i++)
     sum=sum+array[i];
     aver=sum/10;
  return(aver);
}
```

运行结果：

```
input ten score:
88 65 43 94 73 61 72 84 77 80
average score is:73.7
```

5.2　指　　针

指针在 C 语言中是一个重要的概念，是被广泛使用的一种数据类型。指针是 C 语言中的精华，运用指针编程是 C 语言最主要的风格之一。利用指针变量可以表示各种数据结构；能很方便地使用数组和字符串；能像汇编语言一样处理内存地址，从而编出精练而高效的程序。掌握指针的应用，可以使程序简洁、紧凑、高效。可以说，没有掌握指针就没有掌握 C 语言的精华。

5.2.1 访问方式

1. 直接访问方式

图 5–11 所示的是 3 个整型变量 i，j，k，编译时系统分配 2000 和 2001 两个字节给变量 i，2002 和 2003 字节给变量 j，2004 和 2005 字节给变量 k。变量 i,j,k 三个整型变量的值都是通过地址来进行存取的。例如，printf("%d",i);的执行过程是：根据变量名与地址的对应关系，找到变量 i 的地址 2000，然后从由 2000 开始的两个字节中取出数据（即变量的值 10）将其输出。

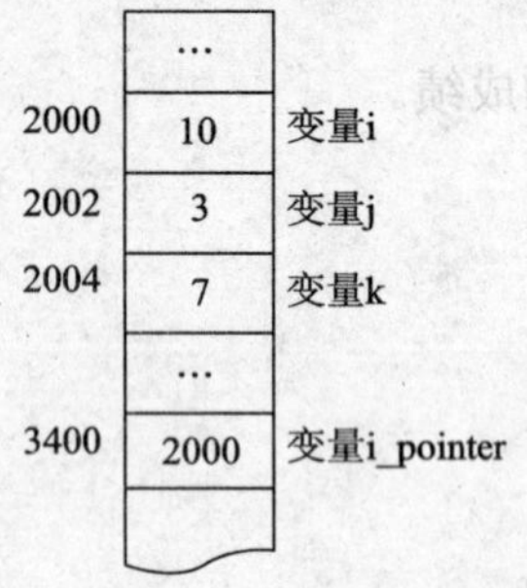

图 5–11　内存用户数据区

输入这些整型数据时，如果使用 scanf("%d",&i);语句，则在执行时，就将从键盘中输入的值直接送到地址为 2000 开始的整型存储单元中。如果使用的是表达式 k=j-i;则在执行时，先从 2000 地址开始的两个字节的单元中取出变量 i 的值（10），再从 2002 地址开始的两个字节的单元中取出变量 j 的值（3），对它们进行相减后，再将其结果（7）送到变量 k 的地址 2004 开始的两个字节单元中。这种按变量地址存取变量值的方式称为“直接访问”方式。

2. 间接访问方式

在 C 语言中还有另外一种存取数据的方式，即将变量 i 的地址存放在另一个内存单元中，这种存放地址值的变量是一种特殊的变量，将它称为指针变量。假设定义一个指针变量为 i_pointer，该变量被存放在 3400 开始的两个字节单元中，其值是地址 2000，即 i_pointer=&i；这时，i_pointer 变量的值就是整型变量 i 所占用存储单元的首地址 2000。

要存取 i 的值，可以采用以下方式进行。首先找到存放“i 地址”的存储单元首地址 3400，从 3400 地址开始的两个字节单元中取出 i 的地址 2000，然后，再到 2000 首地址的存储单元中取出变量 i 的值。

图 5–12 所示的是直接访问和间接访问的示意图。为了表示将数值 10 送到变量中，可以有两种方式进行。其中直接访问的方式是将 10 送到变量 i 所占的单元中，另外一种间接访问的方式是将 10 送到变量 i_pointer 所“指向”的单元中。

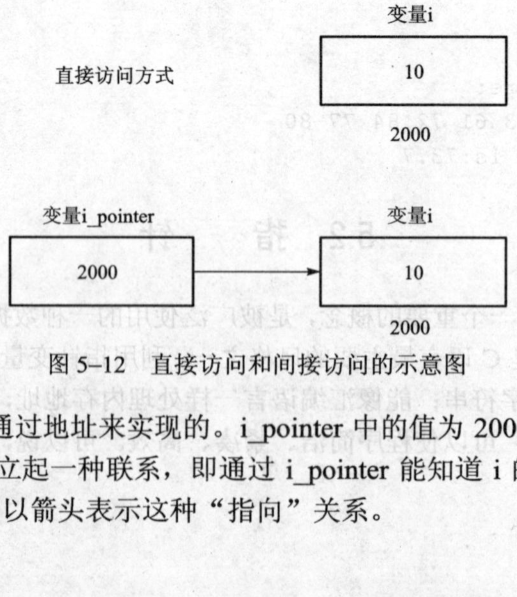

图 5–12　直接访问和间接访问的示意图

所谓“指向”就是通过地址来实现的。i_pointer 中的值为 2000，它是 i 地址，这样就在 i_pointer 与 i 之间建立起一种联系，即通过 i_pointer 能知道 i 的地址，从而找到变量 i 的内存单元，图 5–12 中以箭头表示这种“指向”关系。

5.2.2 指针变量

1. 指针和指针变量的概念

第 2 章中已经知道 C 语言程序所创建的变量，这些变量有数值变量、字符变量、数组变量等，它们都被分配在某个确定的存储单元之中，变量的名字就是该存储单元首字节的地址，是地址常量。C 语言通过变量的地址来访问变量，访问的方式可分为直接访问和间接访问。由于地址指向要访问的存储单元，因此，又将地址形象地称为“指针”。一个变量的地址称为该变量的“指针”，例如，地址 2000 是变量 i 的指针。如果有一个变量专门用来存放另一个变量的地址，则它称为“指针变量”，该变量的值就是 2000（地址）。所以，可以说指针变量的值是指针（地址）。

2. 指针变量的定义

指针作为一个特殊的变量在使用之前也必须要先定义。

指针变量定义的一般格式：

```
类型说明符 *指针变量名;
```

这里“类型说明符”表示指针变量所指向的变量的类型，“*”表示定义的是指针变量。如：

```
float *i,*j;
```

它定义了两个指针变量 i 和 j，它们都是指向实型变量的，也就是说变量 i 和 j 只能用来存放实型变量的地址。再如：

```
int *pointer;
```

它定义了一个指针变量 pointer，它是指向整型变量的，也就是说变量 pointer 只能用来存放整型变量的地址。

3. 指针变量的使用

指针变量的使用包括给指针变量赋值、通过指针引用存储单元和移动指针。

（1）指针变量的赋值。可以给指针变量赋地址值，且地址值必须是基本类型变量的。C 语言提供了取地址运算符&，它是单目运算符，其结合性为自右至左，功能是取得变量所占用的存储单元的首地址。在 scanf 函数中已经了解并使用了&运算符。如：

```
int a;
int *pointer;
```

则可以有赋值语句：

```
pointer=&a;
```

作用是将变量 a 的地址值赋给指针变量 pointer。注意变量 a 的类型和指针变量 pointer 的基本类型必须一致。也可以在定义指针变量的同时对其初始化，如：

```
int a;
int *pointer=&a;
```

还可以给指针变量赋空值 NULL。如

```
int *p=NULL;
```

NULL 是在 stdio.h 头文件中定义的预定义符，因此如果程序中使用了 NULL，应该在程序前出现预定义#include <stdio.h>

NULL 的代码值为 0，所以上述语句等价于

```
int *p=0;
```

这时指针 p 并不是指向地址为 0 的存储单元，而是一个空值，或者说它不指向任何内存单元。

（2）使用指针访问变量。可以使用指针访问它所指向的变量。C 语言提供了取内容运算符“*”，它是单目运算符，其结合性为自右至左，用来表示指针变量所指的。在“*”运算符之后跟的变量必须是指针变量。需要注意的是指针运算符“*”和指针变量说明中的指针说明符“*”不是一回事。在指针变量说明中，“*”是类型说明符，表示其后的变量是指针类型。而表达式中出现的“*”则是一个运算符用以表示指针变量所指的变量。如：

```
#include <stdio.h>
main()
{
int a=5,*p;
p=&a;
printf ("%d",*p);
}
```

运行结果：

```
5
```

程序表示指针变量 p 取得了整型变量 a 的地址。所以最后输出变量 a 的值。

【例 5–19】输入 a 和 b 两个整数，按先大后小顺序输出。

程序 1：

```
#include <stdio.h>
main()
{
int a,b,temp;
 scanf("%d,%d",&a,&b);
 if(a<b)                          /*当 a<b 时,a 和 b 的内容进行了交换*/
   {temp=a;
    a=b;
    b=temp;
   }
 printf("\na=%d,b=%d",a,b);
}
```

运行结果：

```
1,4
a=4,b=1
```

程序 2:

```
#include <stdio.h>
main()
{
int a,b,*pa,*pb,*p;
 pa=&a;
 pb=&b;
 printf("\nPlease input a,b:\n");
 scanf("%d,%d",&a,&b);
 if(a<b)
 {p=pa;pa=pb;pb=p;}
 printf("\na=%d,b=%d",a,b);
 printf("\nmax=%d,min=%d",*pa,*pb);
}
```

运行结果：

```
1,4
a=1,b=4
max=4,min=1
```

从程序 2 可以看出，a 和 b 的值并没有交换，通过指针的交换实现了数据的先大后小输出。交换前指针的情况如图 5–13 所示，交换后的指针情况如图 5–14 所示。

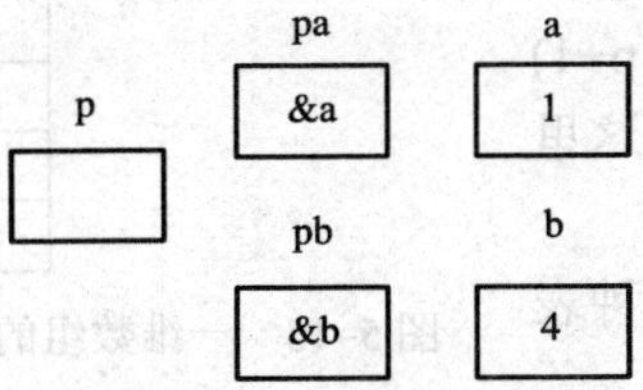

图 5–13　交换前指针情况

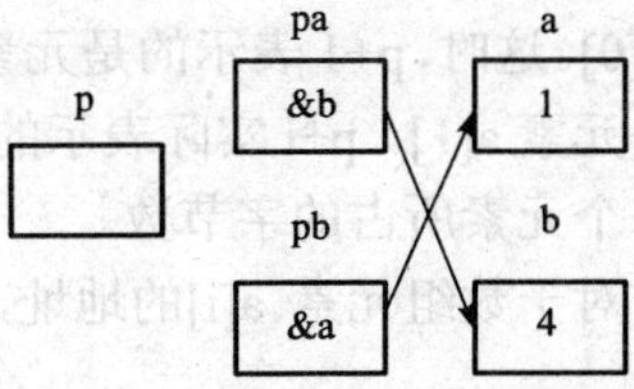

图 5–14　交换后指针情况

5.3　指针与数组

既然指针变量的值是一个地址，那么这个地址不仅可以是变量的地址， 也可以是其他数据结构的地址。在一个指针变量中存放一个数组或一个函数的首地址有何意义呢？因为数组或函数都是连续存放的。通过访问指针变量取得了数组或函数的首地址，也就找到了该数组或函数。这样一来，凡是出现数组、函数的地方都可以用一个指针变量来表示，只要该指针变量中赋予数组或函数的首地址即可。这样做将会使程序的概念十分清楚，程序本身也精练、高效。在 C 语言中，一种数据类型或数据结构往往都占有一组连续的内存单元。用“地址”这个概念并不能很好地描述一种数据类型或数据结构，而“指针”虽然实际上也是一个地址，但它却是一个数据结构的首地址，它是“指向”一个数据结构的，因而概念更为清楚，表示更为明确。这也是引入“指针”概念的一个重要原因。

5.3.1　指向数组元素的指针

由前面的学习已经知道数组是由类型相同的变量按一定次序顺序存放的，而数组元素作为变量是占用内存，并且有相应的地址的。

定义了一维数组后，可以定义基本类型相同的指针变量来保存数组元素的地址或数组的首地址，也可以说是定义指针变量指向数组元素或数组的首地址。

如：

```
int a[10];
    int *p,*q;
    p=a;
    q=&a[5];
```

在上面程序段中，定义了一个含有 10 个元素的整型数组 a，指向整型的指针变量 p 和 q，并且通过赋值语句使得指针变量 p 指向数组 a 的首地址，指针变量 q 指向数组元素 a[5]，它们的指向情况分别如图 5–15 所示。

5.3.2 通过指针引用数组元素

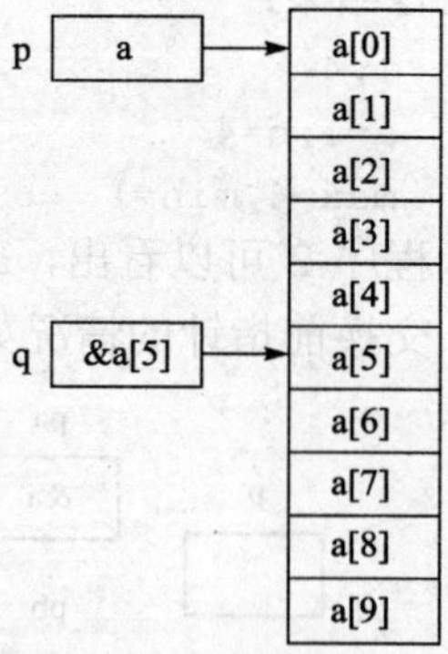

图 5–15 一维数组的指针表示

因为 C 语言规定数组名代表数组的首地址，也就是下标为 0 的元素的地址，所以刚才的赋值语句 p=a;等价于 p=&a[0]。有了上面的定义后，p 指向了数组 a 的首地址，也就是元素 a[0]；p 表示的是 a[0]的地址，那么*p 表示的就是元素 a[0]。这时，p+1 表示的是元素 a[1]的地址，*(p+1)表示的就是元素 a[1]。p+i 实际表示的地址是 p+i*d。这里的 d 是指每个元素所占的字节数。

那么，对于数组元素 a[i]的地址，可以有以下几种表示方式：

&a[i]、&p[i]、a+i、p+i

对于数组元素 a[i]也可以有以下几种表示方式：

a[i]、p[i]、*(a+i)、*(p+i)

对于指向数组的指针变量，可以加上或减去一个整数 n。设 p 是指向数组 a 的指针变量，则 p+n，p-n，p++，++p，p--，--p 运算都是合法的。指针变量加或减一个整数 n 的意义是把指针指向的当前位置（指向某数组元素）向前或向后移动 n 个位置。应该注意，数组指针变量向前或向后移动一个位置和地址加 1 或减 1 在概念上是不同的。因为数组可以有不同的类型，各种类型的数组元素所占的字节长度是不同的。如指针变量加 1，即向后移动 1 个位置表示指针变量指向下一个数据元素的首地址，而不是在原地址基础上加 1。

*(q--)表示先取 q 所指向单元的值作为表达式的值，再将指针变量 q 向前移动一个存储单元，即表达式的值是 a[5]。

*(++q)表示先将指针变量 q 向后移动一个存储单元，再取 q 所指向单元的值作为表达式的值，即表达式的值是 a[6]。

q-p 表示这两个指针变量所指向数组元素的下标之差，即整数 5。

如果对两指针变量进行关系运算，比较的是地址值的大小。例如，p<q 的值为真，q>a 的值为真，p<a 的值为假。

【例 5–20】输出数组元素。

程序 1：下标法。

```
#include <stdio.h>
main()
{int a[5],i;
 for(i=0;i<5;i++)
{a[i]=i;
 printf("a[%d]=%d\n",i,a[i]);
 }
 printf("\n");
 }
```

程序 2：指针法。

```
#include <stdio.h>
main()
```

```
 {int a[5],i,*pa;                        /*定义整型数组和指针*/
  pa=a;                                  /*将指针 pa 指向数组 a*/
  for(i=0;i<5;i++)
 {*pa=i;                                 /*将变量 i 的值赋给由指针 pa 指向的数组单元*/
  pa++;}                                 /*将指针 pa 指向下一个存储单元*/
  pa=a;                                  /*指针 pa 重新取得数组 a 的首地址*/
  for(i=0;i<5;i++)
 {printf("a[%d]=%d\n",i,*pa);            /*用数组方式输出数组 a 中的所有元素*/
  pa++;}                                 /*将指针 pa 指向下一个存储单元*/
 }
```

程序 3：指针法的另一种实现方式。

```
#include <stdio.h>
main()
{int a[5],i;
 *pa=a;
 for(i=0;i<5;)
 {*pa=i;
  printf("a[%d]=%d\n",i++,*pa++);}      /*用指针输出数组 a 中的所有元素，
}                                        /*同时指针 pa 指向 a[]的下一个单元*/
```

以上 3 个程序的运行结果：

```
a[0]=0
a[1]=1
a[2]=2
a[3]=3
a[4]=4
```

【例 5–21】逆置数组元素，用指针法处理。

```
#include <stdio.h>
main()
{
 int s[12],*p1,*p2,temp;
 printf("\nPlease input the array:");
 for(p1=s;p1<s+12;p1++)
   scanf("%d",p1);
 for(p1=s,p2=s+11;p1<p2;p1++,P2--)
 {
  temp=*p1;
  *p1=*p2;
  *p2=temp;
 }
 printf("\nNow the array is:");
 for(p1=s;p1<s+12;p1++)
   printf("%4d",*p1);
}
```

运行结果：

```
Please input the array:1 12 13 14 15 16 17 18 19 91 81 71
Now the array is:  71  81  91  19  18  17  16  15  14  13  12   1
```

说明：

此程序中，第一个 for 循环用来输入数组元素，让 p1 指向第一个数组元素，语句 scanf("%d",p1);的功能是从键盘输入一个整数，存放到 p1 所指向的单元中，然后 p1 自增，指向下一个元素，继续输入。采用指针的方式输入数组元素和以前所用的下标的表示方式有一些差别，p1 本身就是一个数组元素的地址，所以如果将此语句写成 scanf("%d",&p1);就不对了。

第二个 for 循环是实现逆置的过程，首先让指针变量 p1 指向第一个元素 s[0]，p2 指向最后一个元素 s[11]；交换 p1，p2 所指向的元素的值，然后 p1 向后移动一个单元，p2 向前移动一个单元，当 p1<p2 时继续执行循环体，直至 p1>=p2 时结束。第三个 for 循环用来输出数组元素，也是采用指针的方式引用数组元素，指针变量 p1 从第一个元素开始，采用增量方式(p++)，依次输出各个数组元素。

【例 5–22】从键盘上输入 10 个整型数据，使用指针的方法将其从大到小进行排列。

```
#include <stdio.h>
void main()
{
  int a[10],*p1,*p2,*p;
  int i,j,t;
  printf("请输入 10 个数据：\n");
  for(i=0;i<10;i++)
  scanf("%d",&a[i]);
   p1=a;
   p2=a;
  for(i=0;i<9;i++)
     for(j=i+1;j<10;j++)
      if(*(p1+i)<*(p2+j))
        {t=a[i];a[i]=a[j];a[j]=t;}
  for(p=a;p<a+10;p++)
     printf("%d",*p);
  printf("\n");
}
```

运行结果：

```
请输入 10 个数据：
10 21 654 35 77 90 124 36 256 300
654 300 256 124 90 77 36 35 21 10
```

说明：

以上程序使用了 3 个指针变量，分别为 p1，p2 和 p，其中 p1 和 p2 指针变量用来对该指针所指向数组元素的大小进行比较。若 p1 小于 p2，则对数组元素进行对换；若 p1 大于 p2，则不对换。内循环第 1 周出现第 1 个最大值，第 2 周出现第 2 个最大值，其余类推，双重循环结束后，在 a 数组中保存的数据是按从大到小的方法排列。最后，以指针变量 p 作为循环控制变量，用 p++的功能将指针指向数组各元素，并将它输出，得到以上结果。

5.3.3　指向多维数组的指针和指针变量

在这里以二维数组为例介绍多维数组的指针变量。

1. 二维数组名及数组元素的地址

实际上，一个二维数组就是一张二维数表，表格中的行是二维数组的第一个下标，表格中的列是二维数组的第二个下标。二维数组 a[3][4]就是一张 3 行 4 列的表格，如图 5–16 所示。

设数组 a 的首地址为 1000，在前面介绍过，C 语言允许把一个二维数组分解为多个一维数组来处理。因此数组 a 可分解为 3 个一维数组，即 a[0]，a[1]，a[2]。每一个一维数组又含有 4 个元素。例如，a[0]数组，含有 a[0][0]，a[0][1]，a[0][2]，a[0][3] 4 个元素。

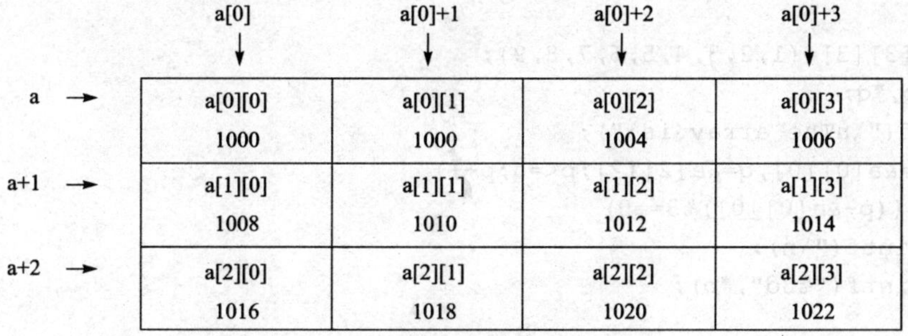

图 5–16　二维数组的指针表示

数组及数组元素的地址表示如下：a 是二维数组名，也是二维数组 0 行的首地址，等于 1000。a[0]是第一个一维数组的数组名和首地址，因此也为 1000。*(a+0)或*a 是与 a[0]等效的，它表示一维数组 a[0]0 号元素的首地址，也为 1000。&a[0][0]是二维数组 a 的 0 行 0 列元素首地址，同样是 1000。因此 a、a[0]、*(a+0)、*a、&a[0][0]是相等的。同理，a+1 是二维数组 1 行的首地址，等于 1008。a[1]是第二个一维数组的数组名和首地址，因此也为 1008，如表 5–1 所示。

表 5–1　二维数组指针法表示一览表

表示形式	含　义	地址
a	二维数组名，数组首地址，0 行首地址	1000
a[0],*(a+0),*a	第 0 行第 0 列元素地址	1000
a+1,&a[1]	第 1 行首地址	1008
a[1],*(a+1)	第 1 行第 0 列元素地址	1008
a[1]+2,*(a+1)+2,&a[1][2]	第 1 行第 2 列元素地址	1012
(a[1]+2),(*(a+1)+2),a[1][2]	第 1 行第 2 列元素的值	

2. 指向二维数组元素的指针变量

指向二维数组元素的指针变量是指用来存放二维数组元素地址的变量。定义了指向元素的指针变量后就可以通过指向元素的指针来引用二维数组的元素。

若有定义：

```
int a[3][2],*pa;
pa=&a[0][0];
```

则 pa 是基本类型为整型的指针变量，并且通过赋初值是它指向了整型的数组元素 a[0][0]，那么可以通过 pa 引用元素 a[0][0]，即*pa 的值就是 a[0][0]。

若执行 pa++;则 pa 的值加上两个字节（数组 a 一个元素所占的空间），也就相当于 pa 指向了 a[0][0]的后继元素 a[0][1]。

二维数组在内存中是按行存储的，因此可以通过对指向元素的指针变量进行加减运算来达到引用任意数组元素的目的。

【例 5–23】分析下列程序的运行结果。

```
#include <stdio.h>
main()
{
 int a[3][3]={1,2,3,4,5,6,7,8,9};
 int *p,*q;
 printf("\nThe array is:");
 for(p=&a[0][0],q=&a[2][2];p<=q;p++)
    {if((p-&a[0][0])%3==0)
     printf("\n);
     printf("%3d",*p);
    }
 printf("\nThe first rank is:");
 for(p=&a[0][0],q=&a[2][0];p<=q;p+=3)
    printf("\n%d",*p);
}
```

运行结果：

```
 The array is:
    1  2  3
    4  5  6
    7  8  9
The first rank is:
    1
    4
    7
```

说明：

该程序中定义了二维数组 a，数组中有 3 行 3 列 9 个元素，并且对数组 a 中的所有元素进行了初始化，定义了基本类型为整型的指针变量 p 和 q。

第一个 for 循环的功能是按行输出二维数组的元素。首先让指针变量 p 指向元素 a[0][0]，指针变量 q 指向元素 a[2][2]。

在 for 循环体中，先比较 p 与&a[0][0]的距离，若相差 3 的整数倍，则换行，以此来达到控制按行输出的目的，然后输出 p 所指向元素的值。循环体每执行一次，指针 p 后移一个单元，指向下一个元素，直到输出最后一个元素。

第二个 for 循环的功能是按行输出第 0 列的元素。首先，重新给指针变量 p、q 赋值，让 p 指向首行的第 0 个元素 a[0][0]，q 指向最后一行的第 0 个元素 a[2][0]。

在循环体中，输出 p 所指向元素的值。每循环一次后，执行 p+=3，使指针 p 向后移动 3 个单元，指向下一行的第一个元素。执行时，首先输出 a[0][0]的值，然后通过移动指针使 p 指向 a[1][0]、a[2][0]，分别输出。再移动指针 p，这时 p<=q 的条件不再满足，停止循环。

3. 指向二维数组的行指针变量

前面已经介绍过，从逻辑上看二维数组是由相同类型的一维数组作为元素而构成的一维数组，它是二维的。二维数组在内存中的表示是将二维空间上的数据依照某种顺序映射到内存，而内存是一维的空间。在 C 语言中，按从上到下、从左到右的次序来实现这种映射。

所谓行指针变量就是用来存放“行”地址的变量，即行指针变量是指向一维数组整体的指针变量，它的定义形式如下：

    类型说明符 (*指针变量名)[数组长度];

如：

```
int (*p)[5];
```

定义了指向含有 5 个元素的整型数组的指针变量 p。可以这样认为：(*p) 是一个含有 5 个元素的一维数组，是一维数组名，那么 p 就是指向这个一维数组的指针。

若有以下语句:

```
int (*p)[5];
int a[3][5]={{11,12,13,14,15},{6,7,8,9,10},{1,2,3,4,5}};
p=a;
```

这里 p 是一个指向含有 5 个整型元素的一维数组的指针变量，a 是一个 3 行 5 列的二维数组，每一行相当于一个含有 5 个元素的一维数组。通过赋值语句 p=a;使得行指针变量 p 指向二维数组 a 的首行，如图 5–17 所示。

p、a →	11	12	13	14	15
p+1 →	6	7	8	9	10
p+2 →	1	2	3	4	5

图 5–17 行指针示意图

通过行指针可以表示二维数组的首地址、行地址、元素地址及元素等。假设行指针 p 指向数组 a 的首行，那么：

*p：第 0 行第 0 列元素的地址；

p+i：第 i 行的首地址；

*(p+i)：第 i 行第 0 列元素的地址；

*(p+i)+j：第 i 行第 j 列元素的地址；

((p+i)+j)：第 i 行第 j 列元素的值。

【例 5–24】分别用下标法和地址法访问二维数组。

```
#include <stdio.h>
void main()
{
  static int a[3][4]={11,22,33,44,55,66,77,88,99,111,222,333};
  int (*p)[4],i,j;
```

```
  p=a;
  printf("下标法输出：\n");
    for(i=o;i<3;i++)
     for(j=0;j<4;j++)
     printf("%d",a[i][j]);
  printf("%d",a[i][j];
  printf("地址法输出：\n");
    for(i=o;i<3;i++)
     for(j=0;j<4;j++)
     printf("%d",*(p[i]+j));
  printf("\n");
}
```

运行结果：

```
  下标法输出：
    11 22 33 44 55 66 77 88 99 111 222 333
地址法输出：
   11 22 33 44 55 66 77 88 99 111 222 333
```

5.3.4 字符串和指针

可以定义字符指针使它指向一个字符串常量。如：

```
char *string="Do not worry!";
```

表示定义了一个指向字符的指针变量 string，并使它指向字符串常量“Do not worry!”。

上述语句等价于：

```
char *string;
string="Do not worry!";
```

因为字符串常量存放在内存的某一位置开始的连续单元中，字符串常量本身就代表其在内存中存放的首地址，如图 5–18 所示。

string →	D	O		n	o	t		w	o	r	r	y	!	\0

图 5–18　指向字符串的指针

对于数组元素赋值，可以在定义数组时对整体赋初值，也可以在定义之后逐个元素赋值，但不能在定义后整体赋值。下面的语句是错误的。

```
char string[15];
string="Do not worry!";
```

因为数组名是一个地址常量，不能被重新赋值。

【例 5–25】输出字符串中 n 个字符后的所有字符。

```
#include <stdio.h>
void main()
{
  char *ps="This is a banana";
  int n;
  n=10;
  ps=ps+n;
```

```
  printf("%s\n",ps);
 }
```

运行结果：

```
    banana
```

说明：

在程序中对 ps 初始化时，即把字符串首地址赋予 ps，当 ps=ps+10 之后，ps 指向字符 b，因此，输出结果为“banana”。

【例 5–26】在输入的字符串中查找有无“k”字符。

```
#include <stdio.h>
void main()
{
  char st[20],*ps;
  int i;
  printf("请输入字符串：\n");
  ps=st;
  scanf("%s",ps);
  for(i=0;ps[i]!='\0';i++)
    if(ps[i]=='k')
      {
       printf("在这个字符串中有'k'字符\n");
       break;
      }
    if(ps[i]=='\0')
      printf("在这个字符串中没有'k'字符\n");
}
```

运行结果：

```
    请输入字符串：
    This is a book
    在这个字符串中有'k'字符
```

【例 5–27】复制字符串。

```
#include <stdio.h>
main()
{char a[]="C program.",b[20],*p1,*p2;
 int i;
 p1=a;
 p2=b;
 for(;*p1!='\0';p1++,p2++)
 *p2=*p1;
 *p2='\0';
 printf("string a is:%s\n",a);
 printf("string b is:");
 for(i=0;b[i]!='\0';i++)
    printf("%c",b[i]);
 printf("\n");
}
```

运行结果：

```
string a is:C program
string b is:C program
```

5.3.5 指针数组

1. 指针数组的定义

指针数组是指元素为指针类型数据的数组，即数组的每一个元素是一个指针变量。指针数组的定义形式如下：

类型说明符 *数组名[数组长度]；

如：

```
int *p[3];
```

表示 p 是含有 3 个元素的数组，每个元素是一个指向整型的指针变量。

要区分指针数组和指向一维数组的指针（行指针）的定义方式是不同的，如果将上述定义加一个括号 int (*p)[3];则 p 就是一个指向一维数组的指针变量。

指针数组常和二维数组、字符串相联系，指针数组的元素可以用来指向二维数组的行或用来指向字符串等。

2. 指针数组举例说明

【例 5–28】按字典序给若干字符串排序。

```
#include <stdio.h>
main()
{char *p[6]={"one","two","three","four","five","six"};
 int i,j,k;
 char *temp;
 for(i=0;i<6;i++)
    {k=i;
     for(j=i+1;j<6;j++)
     if(strcmp(p[j],p[k])<0)
     k=j;
     if(k!=i)
     {temp=p[i];
      p[i]=p[k];
      p[k]=temp;}
     }
 for(i=0;i<6;i++)
    printf("\n%s",p[i]);
}
```

运行结果：

```
five
four
one
six
three
two
```

本程序中，p 是一个含有 6 个元素（每个元素是一个指向字符的指针）的指针数组，并且已被赋初值。在 C 语言中是用字符串的首地址来标识字符串的，指针数组 p 的元素中存放的就是字符串常量的首地址，如图 5–19 所示。

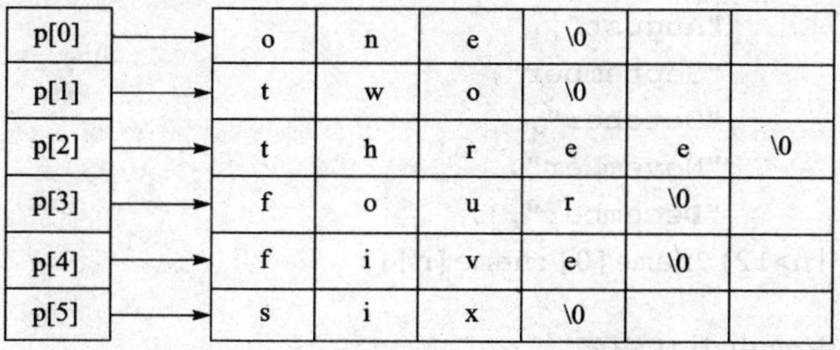

图 5–19 指针数组 p 排序前指向情况

程序中采用选择法对字符串进行排序，每一次选择通过字符串比较函数 strcmp 来比较字符串的大小，用 k 来保存当前最小串所在的位置，当该次选出的最小串不在合适的位置时，通过交换使其放在正确的位置，这里交换的不是整个字符串，而是指向字符串的指针变量的位置，交换后的指针数组如图 5–20 所示。

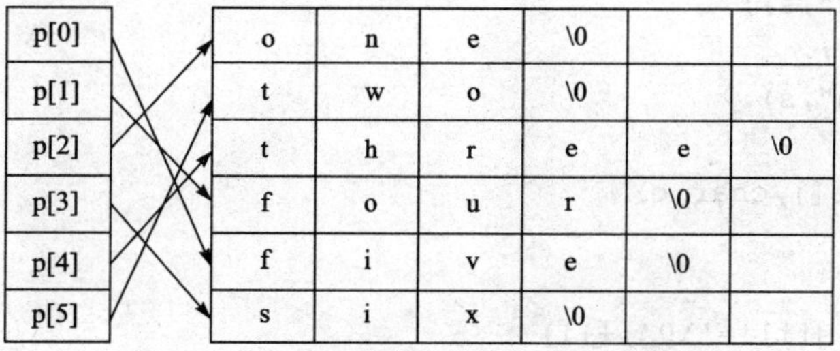

图 5–20 指针数组 p 排序后指向情况

排序后的指针数组中，p[0]指向了最小串，p[1]指向了次小串……p[5]指向了最大串。最后，用 for 循环顺次输出 p 的各个元素所指向的字符串。

【例 5–29】给出 month_name(n)函数，其功能是返回一个由参数 n 所指的月份的英文名。

```
#include <stdio.h>
char *month_name(int);
void main()
{
  char *month_name();
  int n;
  scanf("%d",&n);
  printf("%s",month_name(n));
}
char *month_name(int n);
{
  static char *name[]={"Illegal month",
                       "January",
                       "February",
                       "March",
```

```
                       "April",
                       "May",
                       "June",
                       "July",
                       "August",
                       "September",
                       "October",
                       "November",
                       "December",};
  return((n<1||n>12)?name[0]:name[n]);
}
```

【例 5–30】删除字符串中某字符。

```
 #include <stdio.h>
char s[]="This,is,a string";
void squeeze(char[],char);
void main()
{
  char c=',';
  printf("%s\n",s);
  squeeze(s,c);
  printf("%s\n",s);
}
squeeze(char s[],char c)
{
  int i,j;
  for(i=0,j=0;s[i]!='\0';++i)
     if(s[i]!=c)
       s[j++]=s[i];
  s[j]='\0';
}
```

运行结果：

```
    This,is,a string
    This is a string
```

说明：

在该例中，它的主程序传递给 squeeze(s,c)函数的是字符数组 s[ ]的数组名 s，即字符串的首地址。squeeze(s,c)函数根据数组名 s，得到字符串的首地址，然后对字符串操作，删除规定的字符，即 c 的内容“,”。

【例 5–31】将二维数组的每个元素乘以一个整数。

```
#include <stdio.h>
void mult(int [][5],int n);
void disp(int [][5]);
void main()
{
  static int x[][5]={{1,2,3,4,5},
                     {6,7,8,9,10},
```

```
                    {11,12,13,14,15},
                    {16,17,18,19,20}};
  printf("Original matrix:\n");
  disp(x);
  mult(x,2);
  printf("\n Multiplied by 2:\n");
  disp(x);
}
void mult(int[][5],int n)
{
  int i,j;
  for(i=0;i<4;++i)
     for(j=0;j<5;++j)
     a[i][j]*=n;
}
disp(int b[][5])
{
  int i,j;
  for(i=0;i<4;++i)
   {for(j=0;j<5;++j)
    printf("%5d",b[i][j]);
    printf("\n");
   }
}
```

说明：

函数 mult 的功能是将二维数组的每个元素乘以一个整数，disp 函数实现输出二维数组。

5.4　指针和函数

5.4.1　指针作为函数的参数

在前面已经指出 C 语言中参数传递是按值传递的，被调用的函数不能直接改变调用函数中的变量。只有通过传递地址，函数才能改变地址所指的单元的内容，所以传递指针和数组名可实现改变调用函数中的变量。

【例 5–32】指针作为函数的参数。

```
#include "stdio.h"
void main()
{
void sub(int *p1,int *p2);
 int x,y;
 sub(&x,&y);
 printf("%d,%d\n",x,y);
}
void sub(int *p1,int *p2)
```

```
{
*p1=88;
 *p2=99;
}
```

运行结果：

```
88,99
```

这个程序使用了 2 个指针 p1 和 p2，函数 sub 的形参是 2 个指针变量，而在调用 sub 函数时，不是使用 x 和 y 这 2 个变量的值作为调用函数的实参，而是它们的地址&x 和&y。假设 x 和 y 已分配的地址是 2020 和 2022，则 sub 函数中的 p1 和 p2 的值就是 x 和 y 的地址值，分别为 2020 和 2022。

当执行 sub 函数时，将 88 和 99 分别赋给*p1 和*p2，即 p1 和 p2 所指向的变量，在实现这两个赋值语句时，先找到 p1 和 p2，从中得到它们的值 2020 和 2022；然后找到 2020 和 2022 单元，将 88 和 99 分别放到这两个地址开始的整型变量单元中。这样，x 和 y 也就得到了值，于是在主函数中就可以输出 x 和 y 的值了。

5.4.2 指针函数

以指针作为函数的返回值的函数称之为指针函数。指针函数的格式如下：

```
类型说明符 *函数名（参数表）
参数说明
{
函数体
}
```

【例 5–33】假设某班期中考试为 4 门功课，若干名学生的成绩均已放在数组中。要求在用户输入学生学号后，能输出该学生的全部成绩，并计算出总分和平均分，用指针函数实现。

```
#include "stdio.h"
void main()
{
static float score[][4]={{67,76,54,77},{0,0,0,0},{87,80,57,90},
{74,85,95,73}};
 float *search();
 float *p,total,aver;
 int i,m;
 printf("请输入某学生的学号：");
 scanf("%d",&m);
 printf("该学生学号为：%d   各科成绩如下：\n",m);
 p=search(score,m-1);
 for(i=0;i<4;i++)
 {
total=total+*(p+i);
  printf("%5.2f\t",*(p+i));
 }
 aver=total/4;
 printf("\n");
```

```
 printf("总成绩为：%5.3f\n",total);
 printf("平均成绩为：%5.2f\n",aver);
}
float *search(pointer,n)
float (*pointer)[4];
int n;
{
float *pt;
 pt=*(pointer+n);
 return(pt);
}
```

运行结果：

```
请输入某学生的学号：3
这学生的学号为：3    各科成绩如下：
87.00  80.00  57.00  90.00
总成绩为：314.00
平均成绩为：78.50
```

说明：

以上程序中，学生的学号是从 1 号开始算起的，数组 score 中的第 0 个学生用 4 个 0 替代。函数 search 被定义为指针函数，它的形参 pointer 是指向 4 个元素的一维数组的指针变量。pointer+1 指向 score 数组第 1 行。pt 是指针变量，它指向实型变量，而不是指向一维数组。main 函数调用 search 函数，将 score 数组的首地址传给 pointer，m 是要查找的学生学号。调用 search 函数后，得到一个地址，赋给 p，然后将此学生的 4 门成绩打印出来，每打印一门成绩后，将该门成绩累计到 total 变量中，最后得到总分和平均分。

为了进一步说明指针函数的用法，再举一个完整程序将给定字符串的第 1 个字母变成大写字母，其他字母变成小写字母的函数 char *CapF(char *)。

【例 5–34】将给定字符串的第 1 个字母变成大写字母，其他字母变成小写字母。

```
#include <stdio.h>
#include <ctype.h>    /*库函数 toupper(),tolower()所在头文件*/
char *CapF(char *);
void main()
{
  char str[80];
  printf("输入一个字符串：");
  gets(str);
  printf("输出这个字符串：%s\n",CapF(str));
}
char *CapF(char *s)
{
  int i=1;
  *s=toupper(*s);       /*toupper 函数的作用是将字符转换成大写字母*/
  while(*(s+i)!='\0')
   {
   *(s+i)=tolower(*s+i); /*tolower 函数的作用是将字符转换成大写字母*/
    i++;
```

```
    }
  return(s);
}
```

运行结果：

```
    输入一个字符串：goOd Morning!
    输出这个字符串：Good morning!
```

5.4.3 函数指针

前面讲过，可以用指针变量指向整型变量、字符变量及字符串和数组，它也可以指向一个函数。因为尽管函数本身不是一个变量，但它总是占用一段连续的存储单元，它有一个起始地址，即函数的入口地址，通过这个地址可以找到该函数，这个地址就称为函数的指针。也可以定义一个指针变量，使它的值等于函数的入口地址，那么通过这个指针变量也能调用此函数，这个指针变量称为指向函数的指针变量，简称为函数指针。

通过函数指针变量完成对函数的调用

（1）函数指针定义：

类型说明符 （*指针变量名）()；

如：

```
    int (*p)();
```

这条语句仅仅说明定义的 p 是一个指向函数的指针变量，此函数带回整型的返回值。但它并不是固定指向哪一个函数的，而只是表示定义了这样一个类型的变量，专门用来存放函数的入口地址。在程序中把哪一个函数的地址赋给它，它就指向那一个函数。因此，在一个程序中，一个指针变量可以先后指向不同的函数。

（2）函数指针变量的赋值。给函数指针变量赋值时，只需要给出函数名而不必给出参数，语句

```
    p = min;
```

是将函数入口地址赋给指针变量 p，而不涉及实参与形参结合的问题。前面提过，数组名代表的是数组起始地址，这里的函数名则代表函数的入口地址。这里的 p 就是指向函数 min 的指针变量，它和 min 都指向函数的开头，调用 p 就是调用 min。与过去所讲的变量的重要区别是：它只能指向函数的入口处，而不能指向函数中的具体指令。因此，p++、p--等运算对它都是没有意义的。

（3）调用方法。

```
    c=(*p)(a ,b);
```

此语句的含义是调用由 p 指向的函数，实参为 a 和 b，得到的函数值再赋给事先定义的整型变量 c。

函数指针变量调用函数时，只需将(*p)代替函数名即可（p 为指针变量名），在(*p)之后的括号中根据需要写上实参，这条语句与下面的语句

```
    c=min(a,b);
```

是等价的。

（4）调用指向函数。语句(*p)(a,b)将调用由 p 指向的函数，把 a 和 b 作为实参传递给函数。圆括号也可以不包含参数，但圆括号必须存在，下列语句以相似的方式调用无参数的函数：

```
(*p)();
```

p 也需要使用圆括号与*一起括起来，强制运算符“*”是在函数被调用前使用。若不加括号，即

```
int *p ();
```

将被编译认为是一个返回整数指针 p 的函数说明，所以加不加括号其含义完全不一样。被调用的函数返回的结果可以正常使用。例如，下列语句将把函数调用返回的结果赋值给 i 变量。

```
i=(*p)(a,b);
```

【例 5–35】使用函数指针来实现函数的调用

```
#include "stdio.h"
int max(int a,int b)
{
if(a>b) return a;
 else return b;
}
void main()
{int max(int a,int b);
 int (*pmax)();            /*定义 pmax 为函数指针*/
 int x,y,z;
 pmax=max;                 /*使得 pmax 指向函数 max*/
 printf("input two numbers:\n");
 scanf("%d%d",&x,&y);
 z=(*pmax)(x,y);           /*通过 pmax 调用函数*/
 printf("maxnum = %d",z);
}
```

运行结果：

```
input two numbers:
45 789
maxnum = 789
```

【例 5–36】编写一个程序，给出一个一维数组的元素值，先后 3 次调用函数，分别求数组的元素之和、最大值和下标为奇数的元素之和。

```
#include <stdio.h>
#define N 10
void main()
{
  static int a[]={101,122,109,423,556,621,778,865,910,130};
  int arr_add(),arr_max(),odd_add();
  void process(int *p,int n,int(*p1)());
  int n=N;
  printf("总共%d 个元素之和为：",n);
  process(a,n,arr_add);
  printf("总共%d 个元素中最大值为：",n);
  process(a,n,arr_max);
  printf("总共%d 个元素中奇元素之和为：",n);
  process(a,n,odd_add);
```

```
    scanf("%d",&n);
}
int arr_add(int arr[],int n)
{
    int i,sum=0;
    for(i=0;i<n;i++)
        sum=sum+arr[i];
    return(sum);
}
int odd_add(int *p,int n)
{
    int i,sum=0;
    for(i=0;i<n;i=i+2,p=p+2)
        sum=sum+*p;
    return(sum);
}
int arr_max(int arr[],int n)
{
    int i,max;
    max=arr[0];
    for(i=0;i<n;i++)
        if(arr[i]>max) max=arr[i];
    return(max);
}
void process(int *p,int n,int (*p1)())
{
    int result;
    result=(*p1)(p,n);
    printf("%d\n",result);
}
```

运行结果：

总共 10 个元素之和为：4615
总共 10 个元素中最大值为：910
总共 10 个元素中下标为奇数的元素之和为：2454

5.5 指向指针的指针

一个指针变量是指向类型的变量，也就是说既可以指向一个整型变量，或一个实型变量，或一个字符变量，当然也可以指向一个指针型变量。

定义一个指向指针的指针变量的格式如下：

```
类型说明符 * *指针变量名;
```

其中，类型说明符表明被指向指针所指向的变量类型；* *表示指向指针的指针变量标识符，该标识符的功能是该变量必须存放指针变量的地址值。

如：

```
int **p;
```

此语句是定义一个指针变量 p，p 是指向另一个指针变量，是一个二级指针。由于指针运算符“*”是按自右而左顺序结合的，所以，上面的定义相当于：

```
int *(*p);
```

从这一形式可以看出，(*p)是指针变量的形式，它外面的“*”表示 p 指向的又是一个指针变量，int 表示该指针变量指向的是整型变量。如图 5–21 所示。

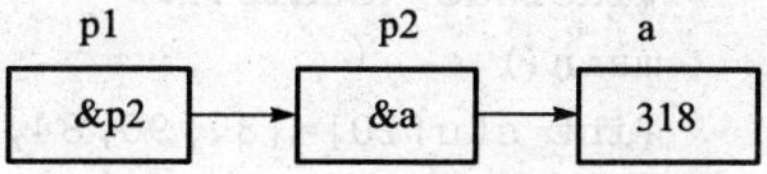

图 5-21　指向指针的指针变量

【例 5–37】指向指针的指针

```
#include "stdio.h"
void main()
{int **p1;
 int *p2;
 int a=318;
 p2=&a;
 p1=&pa;
 printf("p1=%d",**p1);
}
```

运行结果：

```
p1=318
```

5.6　实 训 案 例

一、实训目的

1. 掌握一维数组和二维数组的定义、初始化、赋值和输入输出操作。
2. 掌握字符数组的使用。
3. 掌握与数组有关的算法。
4. 掌握使用指针变量的程序设计。
5. 掌握使用函数指针的程序设计。

二、实训内容和要求

1. 设有 10 个学生的成绩分别为 87，90，84，68，80，67，88，92，79，73，存放在数组 stu 中，输出他们的平均成绩 aver（保留两位小数）和低于平均成绩的人数。

2. 编程实现两个字符串的连接（不使用 strcat 函数）。

3. 有一个 3 行 4 列的矩阵，找出每行中最大的元素并与第一列元素交换。

具体要求如下：

（1）使用二维数组存放该矩阵。

（2）输出原矩阵和处理后的矩阵进行比较。

4. 输入一行字符，统计包含多少个单词，单词之间用空格分隔。

5. 写一个函数，求一个字符串的长度，在 main 函数中输入字符串，并输出其长度。

6. 假定有 5 个学生，每个学生有 4 门功课的成绩，设计一个程序，查找某学生的成绩。设被查找学生的序号为：0，1，2，3，4。要求以指向数组的指针作为函数参数。

三、实训程序参考源代码

1.

```
#include <stdio.h>
main()
{int stu[10]={87,90,84,68,80,67,88,92,79,73};
 float aver=0;
 int i,count=0;
 for(i=0;i<=9;i++)
  aver+=stu[i]/10.0;
 for(i=0;i<=9;i++)
  if (stu[i]<aver) count++;
 printf("aver=%.2f\n",aver);
 printf("低于平均分的人数是：%d",count);
}
```

2.

```
#include <stdio.h>
main()
{char s1[80],s2[80];
 int i,j;
 gets(s1);
 gets(s2);
 for(i=0;s1[i]!='\0';i++);
 for(j=0;s2[j]!='\0';i++,j++)
    s1[i]=s2[j];
 s1[i]='\0';
 puts(s1);
}
```

3.

```
#include <stdio.h>
main()
{int i,j,k,temp;
 int data[3][4]={{12,15,17,11},{14,28,10,8},{15,-7,0,35}};
 printf("the original matrix:\n");
 for(i=0;i<=2;i++)          /*打印原矩阵*/
   {for(j=0;j<=3;j++)
    printf("%d\t",data[i][j]);
    printf("\n");
   }
 for(i=0;i<=2;i++)   /*求每行最大数并与第一列上的元素交换*/
   {k=0;
    for(j=1;j<=3;j++)
     if(data[i][j]>data[i][k])  k=j;
    temp=data[i][0];
    data[i][0]=data[i][k];
    data[i][k]=temp;
```

```
  }
 printf("\nthe handled matrix:\n");
 for(i=0;i<=2;i++)    /*打印处理后的矩阵，此时第一列上的元素为每行的最大数*/
 {for(j=0;j<=3;j++)
  printf("%d\t",data[i][j]);
  printf("\n");
  }
}
```

4.

```
#include <stdio.h>
main()
{char c,str[81];
 int i,count=0,word=0;
 printf("input string:");
 gets(str);
 for(i=0;i<strlen(str);i++)
 {
  c=str[i];
  if(c==' ') word=0;
  else if(word==0)
      {
       word=1;
       count++;
      }
  }
printf("There are %d words in the string!\n",count);
}
```

5.

```
#include <stdio.h>
main()
{int len;
 char *str[20];
 printf("input a string:\n");
 gets(str);
 len=length(str);
 printf("the string has %d characters.",len);
 }
 length(char *p)
 {int n;
  n=0;
  while(*p!='\0')
   {n++;
    p++;
   }
  return n;
}
```

6.

```
#include <stdio.h>
void search(int(*pa)[4],int n);
main()
{
 int n;
 int score[5][4]={{73,86,80,85},{90,68,72,83},{67,89,77,86},
{90,85,69,88},{92,80,87,75}};
 printf("\n Enter student NO.(0---4):");
 scanf("%d",&n);
 search(score,n);
}
void search(int(*pa)[4],int n)
{
 int i;
 printf("\n The score of student NO.%d are:",n);
 for(i=0;i<4;i++)
 printf("%5d",*(*(pa+n)+i));
 printf("\n");
}
```

5.7 习 题

1. 在C语言中，一维数组的定义方式为：类型说明符数组名______。

A. [常量表达式]　　B. [整型表达式]

C. [整型变量] 或 [整型表达式]　　D. [整型常量]

2. 以下对二维数组 a 的正确说明是______。

A. int a[3][];　　B. float a(3,4);　　C. double a[1][4];　　D. float a(3)(4);

3. 以下不能对二维数组 a 进行正确初始化的语句是______。

A. int a[2][3]={1};　　B. int a[][3]={{2,3},{9}};

C. int a[2][3]={{1,2},{3,4},{5,6}};　　D. int a[][3]={1,2,3,4,5,6};

4. 变量的指针，其含义是指该变量的______。

A. 值　　B. 地址　　C. 名　　D. 一个标志

5. 若有语句 int *point,a=4;point=&a;下面均代表地址的一组选项是______。

A. a,point,*&a　　B. &*a,&a,*point

C. *&point,*point,&a　　D. &a,&*point,point

6. 若有说明：int *p1,*p2,m=5,n;以下均是正确赋值语句的选项是______。

A. p1=&m;p2=&p1;　　B. p1=&m;p2=&n;*p1=*p2;

C. p1=&m;p2=p1;　　D. p1=&m;*p2=*p1;

7. 设 char *s="\ta\017bc ";则指针变量 s 指向的字符串所占的字节数是______。

A. 9　　B. 5　　C. 6　　D. 7

8. 设有下面的程序段：

```
char s[]="china";char *p;p=s;
```

则下列叙述正确的是______。

A. s 和 p 完全相同

B. 数组 s 中的内容和指针变量 p 中的内容相等

C. s 数组长度和 p 所指向的字符串长度相等

D. *p 与 s[0]相等

9. 定义语句：double *arr[8];的含义是______。

A. arr 是一个指针，它指向一个数组，数组的元素是双精度实型

B. arr 是一个数组，数组的每一个元素是指向双精度实型数据的指针

C. C 语言中不允许这样的定义语句

D. 以上都不对

10. 已有函数 max(a,b)，为了让函数指针变量 p 指向函数 max，正确的赋值方法是______。

A. p=max;　　B. *p=max;　　C. p=max(a,b);　　D. *p=max(a,b)

11. 若有说明：char *language[]={"FORTRAN","BASIC","PASCAL","JAVA","C"};则表达式*language[1]>*language[3]比较的是______。

A. 字符 F 和字符 P　　B. 字符串 BASIC 和字符串 JAVA

C. 字符 B 和字符 J　　D. 字符串 FORTRAN 和字符串 PASCAL

12. 若有说明语句

char a[]="It is mine";char *p="It is mine";

则下列叙述正确的是______。

A. a+1 表示的是字符 t 的地址

B. p 指向另外的字符串时，字符串的长度不受限制

C. p 变量中存放的地址值可以改变

D. a 中只能存放 10 个字符

13. 阅读以下程序，程序的输出结果是______。

```
main()
{int n[2]={0},i,j,s=2;
 for(i=0;i<s;i++)
    for(j=0;j<s;j++)
       n[j]=n[i]+1;
 printf("%d\n",n[s]);
}
```

A. 不确定的值　　B. 3　　C. 2　　D. 1

14. 下面程序段的输出结果是______。

```
#include <stdio.h>
main()
{int a[]={1,2,3,4,5,6},*p;
 p=a;
 *(p+3)+=2;
 printf("%d,%d",*p,*(p+3));}
```

A. 0，4　　B. 1，4　　C. 0，6　　D. 1，6

15. 请写出下列程序的输出结果。

（1）
```
main()
{static int a[][3]={9,7,5,3,1,2,4,6,8};
 int i,j,s1=0,s2=0;
 for(i=0;i<3;i++)
    for(j=0;j<3;j++)
       {if(i==j) s1=s1+a[i][j];
        if(i+j==2) s2=s2+a[i][j];
       }
 printf("%d,%d\n",s1,s2);
}
```

（2）
```
#include <stdio.h>
main()
{int i,k;
 for(i=0;i<4;i++)
  {k=sub(&i);
   printf("%3d",k);}
 printf("\n");
}
sub (int *s)
{static int t=0;
 t=*s+t;
}
```

（3）
```
#include <stdio.h>
main()
{char b[]="abcdefg";
 char *pc=&b[7];
 while(--pc>b)
   putchar(*pc);
 putchar('\n');
}
```

16. 以下程序的功能是：通过指针操作，找出3个整数中的最小值并输出，请填空。

```
   #include <stdio.h>
main()
{int *a,*b,*c,num,x,y,z;
 a=&x;b=&y;c=&z;
 printf("输入3个整数：");
 scanf("%d%d%d",a,b,c);
 printf("%d,%d,%d\n",*a,*b,*c);
 num=*a;
 if(*a>*b) 【1】;
 if(num>*c) 【2】;
 printf("输出最小整数：%d\n",num);
}
```

17. 下面程序可通过行指针 p 输出数组 a 中任一行任一列元素的值，请填空。

```
    main()
{int a[2][3]={2,4,6,8,10,12};
 int  (*p)[3],i,j;
 p=a;
 scanf("%d,%d",&i,&j);
 printf("a[%d][%d]=%d\n",i,j,【1】);
}
```

18. 下面程序段的运行结果分别是：

（1）`char s[80],*sp="HELLO!";`

```
sp=strcpy(s,sp);
s[0]='h';
puts(sp);
```

（2）`char s[20]="abcd";`

```
char *sp=s;
sp++;
puts(strcat(sp,"ABCD"));
```

（3）`char *s1="AbcdEf",*s2="aB";`

```
s1++;
t=(strcmp(s1,s2)>0);
printf("%d\n",t);
```

19. 编程题。

（1）设计一个程序，处理一个班的计算机成绩，要求采用一维数组来存储学生的成绩。

（2）采用指针的方法逆置一维数组，用函数实现。

（3）输入 20 个整数，将其中最小的数与第一个数对换，把最大的数与最后一个数对换，用指针来实现。

第 6 章　构造类型——结构体、共用体

通过前几章的学习，掌握了 C 语言中整型、实型、字符型，还有数组等数据类型，但在实际工作中经常需要将不同类型的数据组合成一个有机整体，便于引用。例如，一个学生的信息包含的内容可能很多，可以选择学号、姓名、性别、年龄与成绩这样 5 项。那么，学号可定义为整型，姓名可定义为字符串类型，性别可定义为字符型，年龄可定义为整型，成绩可定义为实型，由于这些信息均与某一位学生相联系。因此，如果要对学生进行处理，需要采用一种可以包含不同类型数据的新的数据类型来定义这种数据。这种类型就是在本章中将要重点介绍的"结构体"类型。

6.1　结构体类型与结构体变量

6.1.1　结构体类型的定义

定义结构体类型时，可根据实际需要决定结构体中成员的数目，成员可以是同类型的，也可以是不同类型的，但成员的数目在定义前就必须确定。

下面就以某一个班级的学生档案为例来定义结构体。

假设某一个班级的学生档案如表 6–1 所示。

表 6–1　学生档案表

姓名（Name）	性别（Sex）	学号（No.）	年龄（Age）	总分成绩（Score）
王玲	女	21001	18	548
沈力	女	21002	19	550
蔡明	男	21003	17	540
徐飞	男	21004	18	530
赵倩	女	21005	17	520

从表中可知，学生成绩档案表的数据是由以下几种数据类型组成的。

（1）姓名（Name）：字符数组 name[20]

（2）性别（Sex）：字符型 char

（3）学号（No）：整型 int

（4）年龄（Age）：整型 int

（5）总分成绩（Score）：实型 float

表中的任何一行都表示关于某一学生的完整的信息资料，在 C 语言中表示这样的一组信息资料时，可采用结构体（Structure）数据类型来描述它。

使用 C 语言定义一个结构体数据类型时，格式如下所示：

```
struct student
{
char  name[20];
char  sex;
int  No;
int  age;
  float  score;
};
```

其中：

（1）struct 是关键字，标志结构体类型。struct 后面跟的是所定义的结构体类型的名字（也可以省略）；

（2）student 是用户自己定义的结构体类型的名字；

（3）name[20]，sex，No.，age，score 是结构体类型中的成员项，具有不同的数据类型，这些数据类型可以是基本类型，也可以是构造类型（如数组），还可以是结构体类型；各成员之间用分号分隔，结构体类型的定义以分号结束。

由此可以得出结构体类型定义的一般形式：

```
struct  结构体名
{
<成员项列表>
};
```

花括号内是该结构体的各个成员项的具体内容，要求对该结构的所有成员项的类型进行说明，结构体成员项类型包括 C 语言中所有允许的变量类型，例如，int 型、float 型、char 型、数组及指针等。

具体而言：

```
struct  结构体名
{
类型名 1    成员名 1;
  类型名 2    成员名 2;
……
类型名 n     成员名 n;
  };
```

6.1.2　结构体变量的定义及初始化

前面介绍结构体的定义，就像 int 类型、float 类型一样，类型的定义只能说明产生了一种特定的模型，这种模型并不占内存空间。而变量才是真正占用内存的实体，才能用来存放数据，因此在定义了结构体类型之后还需要定义相应的结构体变量。

在 C 语言中，可以采用以下几种方法来定义一个结构体类型变量，这与数组的初始化很类似，可以在定义结构体的时候同时初始化。

1. 先定义结构再定义变量名

上面已经定义了学生成绩档案结构体数据类型 struct student，可以用它来定义变量。如：

```
struct  student  stu1,stu2={"caiming",'m',21003,17,540};
struct  student  *p=&stu1;
```

定义了 stu1，stu2 为 struct student 类型的变量，即它们具有 struct student 类型相同的结构；p 为指向结构体的指针变量。

stu1	沈力	女	21002	19	550
stu2	蔡明	男	21003	17	540

变量 stu1 和 stu2 与标准类型变量定义的不同在于：变量 stu1 和 stu2 不仅要求指定变量为结构体类型，而且要求指定为某一个特定的结构体类型，即不能只指定为“struct”型而不指定结构体名。而在定义变量为整型时，只需要指定为 int 型即可。

当然，为了使用方便，在 C 语言中可以进行宏定义，用一个符号来代表一个结构体类型。即在程序开头加入语句

```
#define  STUDENT  struct  student
```

2. 在定义类型的同时定义变量

同构造类型数组一样，可以在定义类型的同时定义变量，即将格式改为

```
struct  结构体名
{
<成员项列表>
}
变量名列表;
```

如：可将上面的学生档案结构体数据类型定义改为

```
struct  student
{ char name[20];
  char  sex;
  int  No;
  int  age;
  float  score;
}stu1,stu2={"caiming",'m',21003,17,540};
```

以上同样定义了两个 struct student 类型的变量 stu1，stu2。注意：变量名列表中的变量需用逗号进行分隔。

说明：

（1）结构体类型与结构体变量是不同的概念。对结构体变量来说，在定义时一般先定义一个结构体类型，再定义结构体变量；

（2）结构体中的成员项，可以单独使用，它的作用与地位相当于普通变量；

（3）成员项名可以与程序中的变量名相同，但二者不代表同一对象；

（4）结构体类型可有多种，这是与基本类型所不同的，因此，结构体类型可由用户根据需要自己设计定义；

（5）系统中没有预先定义结构体类型，凡需要使用结构体类型数据的，都必须在程序中自己定义。

6.1.3 结构体变量的引用

定义结构体变量当然是为了程序中的引用，但引用时，需要注意以下几点。

不能将结构体变量作为一个整体输入和输出

例如，已定义了 stu1 和 stu2 为结构体变量并且它们已有值，出现下面的引用是不正确的：

```
printf("%d,%s,%c,%d,%f,%s\n",student1);
```

（1）在结构体中，只能对结构体变量中的各个成员分别进行输入和输出。引用结构体变量成员的格式是：

结构体变量名.成员名

其中“.”称为成员运算符，它在所有的运算符中优先级最高，可以把“结构体变量名.成员名”看成是一个整体。

如：上面学生档案结构体中成员的引用就可以用 stu1.name，stu1.sex，stu1.No 等表示，同时对成员变量的赋值可以用如下方式表示：“stu1.No=21001;”，其作用是将整型 21001 赋给 stu1 结构体变量中的成员 No.。

（2）也可以通过指向结构体的指针来引用结构体的成员，形式如下：

指针变量名->成员名　或　(*指针变量名).成员名

同样在上面学生档案结构体中曾有如下定义：

```
struct student *p;
```

p 是一个指向结构体的指针变量，因此有如下引用结构体成员的形式：

p->name，p->sex，p->No　或　(*p).name，(*p).sex，(*p).No

（3）当然也可以将一个结构体变量作为一个整体赋给另一个具有相同类型的结构体变量。如：

```
struct  student stu1={"chenxia",10020,18,98};
struct  student stu2;
stu2=stu1;
```

（4）如果成员本身又属于一个结构体类型，而结构体中只能对最低级的成员进行赋值或存取以及运算，所以要用若干个成员运算符，一级一级地找到最低一级的成员进行运算。

例如，有以下的结构体定义：

```
struct date
        {int month;
         int day;
         int year;
         };
struct student
 {int num;
  char name[20];
  char sex;
  int age;
  struct date birthday;   /*birthday是struct date类型*/
  char addr[30];
 }student1,student2;
```

可以这样访问各成员：student1.num，student2.birthday.month。由于 birthday 也是一个结构体变量，不能试图用 student2.birthday 来访问 birthday。

（5）对结构体变量的成员可以像普通变量一样进行各种运算（根据其类型决定可以进

行的运算）。

如：

```
stu1.score=stu2.score;
sum=stu1.score+stu2.score;
stu1.age++;
```

由于“.”运算符的优先级最高，因此 stu1.age++是对该成员项进行自加运算。

【例 6–1】一个班 30 名学生，要求计算每名学生 3 门课程的总分。

```
#define  N  30
#include <stdio.h>
struct student
 { char  name[9];
   int No.;
   int age;
   int score[3];
};                                        /*定义结构体类型 struct  student*/
main()
{
  struct student  stu1;
int i,j,temp;
for(i=0;i<N;i++)
 { scanf("%s%d%d",stu1.name,&stu1.No,&stu1.age);
   temp=0;
   for(j=0;j<3;j++)
   {
   scanf("%d",&stu1.score[j]);                /*输入 3 门课程的成绩*/
   temp=temp+stu1.score[j];                 /*课程成绩累加*/
   }
printf("\n%14s%6d%4d",stu1.name,stu1.No.,stu1.age);
printf("\n5d%5d%5d", stu1.score[0],stu1.score[1],stu1.score[2]);
           printf("\n 总分成绩=%d\n",temp);
}
}
```

6.2 结构体数组和函数

从例 6–1 中可以看出，一个结构体变量只能存放一个对象（如一个学生）的一组数据，第二个对象的资料只能在第一个对象输出后，占用刚才的空间、覆盖前一个对象的内容。而在实际问题中，经常需要存放若干组的数据用来进行运算统计。例如，要统计一个班所有学生的档案资料，这时采用结构体数组解决这样的问题是比较方便的。

6.2.1 定义及初始化结构体数组

定义结构体数组可以定义结构体类型后再定义数组，也可以在定义结构体类型的同时定义数组。结构体数组也具有一般数组的性质，只不过其中的数据元素是结构体类型而非基本类型。

定义一个结构体数组有两种方法，分别如下。

1. 先定义结构再定义数组

```
struct student
{
char name[9];
  int No;
  int age;
  int score;
  };
struct student stu1[30]={{"lixia",21001,18,98},{"chenfei",21002,17,86},
…,{"zhaowei",21030,19,79}};
```

上述语句表示定义了数组 stu1，数组中含有 30 个元素，每个元素都是 struct　student 这种结构体类型，并且定义数组的同时给其所有成员赋了初值。结构体数组 stu1 的逻辑示意图如表 6–2 所示。

表 6–2　结构体数组

	name	No	age	score
stu1[0]	"lixia"	21001	18	98
stu1[1]	"chenfei"	21002	17	86
…	…	…	…	…
stu1[29]	"zhaowei"	21030	19	79

2. 在定义结构的同时定义数组

```
struct student
{
char name[9];
  int No;
  int age;
  int score;
  }
stu1[30],stu2[20];
```

和基本类型的数组一样，对于结构体类型的一维数组、二维数组，也可以定义指向它们的指针变量。如：

```
    struct  student  *ps=stu1;
```

即指针变量 ps 指向结构体数组 stu1 的第 0 个元素，那么，ps+1 表示 stu[1]的地址，ps++ 表示指针向后移动一个元素的空间，指向下一个元素。

6.2.2　结构体数组的引用

结构体数组元素和基本类型的数组一样，也是通过数组名和下标来引用的，不同的是其类型是结构体类型。因此，对结构体数组元素的引用与对结构体变量的引用一样，也要逐级引用，只能对最低级的成员进行存取和运算。

一般的引用形式：

数组名[下标].成员名

如果对于上面定义的数组 stu1 而言，下列均为合法的引用。

（1）stu[0].No：表示第 0 个学生的学号。

（2）stu[1].name：表示第 1 个学生的姓名（字符串的首地址）。

还可以通过指向结构体数组的指针来引用数组元素及其成员。

一般的引用形式：

指针变量—>成员名或（*指针变量）.成员名

如上面定义了指向结构体 stu1 的指针变量 ps，那么，

（1）ps->name：表示第 0 个学生的姓名；

（2）（ps+1）->No：表示第 1 个学生的学号；

（3）++ps->score：表示使第 0 个学生的成绩增加 1（“->”运算的优先级高于“++”运算）；

（4）（++ps）->score：表示第 1 个学生的成绩；

（5）（*ps）.No：表示第 0 个学生的学号。

需要注意的是，ps 表示数组元素（结构体变量）的地址，同基本类型的数组一样，指向数组某个变量的指针加 1（如 ps+1），都表示指针向后移动一个数据元素大小的空间。结构体数组中的数据元素都为结构体，所以 ps+1 相当于指针向后移动了一个结构体类型那么大的空间。

6.2.3 结构体数组应用举例

【例 6–2】计算 30 名学生每个人的平均成绩，分别输入学生的学号、姓名、出生年月和 3 门功课的成绩，要求学生的各项信息均由键盘输入，计算出平均成绩后输出。

```
#define  N  30
#include  <stdio.h>
struct  student
  {
   int No;
   char name[8];
   struct { int  year;
            int  month;
            int  day;
           }birthday;                 /*birthday 为结构体类型*/
   int  score[3];
   float ave;
  }
main()
{struct student stu[N],*p;          /*定义结构体类型 struct  student*/
 int j,k;
 printf("\n");
 for(j=0;j<N;j++)
  { printf("\nthe %d student",j+1);
    printf("\nNo:");
```

```
        scanf("%d",&stu[j].No);
        getchar();
        printf("name:");
        gets(stu[j].name);
        printf("birthday(year,month,day):");
        scanf("%d,%d,%d",&stu[j].birthday.year,&stu[j].birthday.month,&stu[j].
birthday.day);                                   /*输入某个学生的出生年月日*/
        stu[j].ave=0;
        printf("score(3):");
        for(k=0;k<3;k++)
         {
          scanf("%d",&stu[j].score[k]);        /*输入某个学生的课程成绩*/
          stu[j].ave+=stu[j].score[k];         /*3门课程累加*/
         }
         stu[j].ave/=3;                         /*计算某个学生的平均成绩*/
        }
      printf("\n");
      printf("NO.   NAME\t  BIRTHDAY\tSCORE\t\t   AVERAGE");
      for(p=stu;p<stu+N;p++)
        {
           printf("\n%-6d",p->No);
           printf("%-12s",p->name);
           printf("%2d,%2d,%2d",p->birthday.year,p->birthday.month,p->birthday.
day);
           for(k=0;k<3;k++)
             printf("%5d",p->score[k]);
           printf("%14.2f",p->ave);            /*打印所有学生的各项信息*/
        }
      }
```

6.2.4　结构体变量作为函数的参数

结构体类型的变量可以作为函数的形参，调用时 C 语言直接将实参结构体变量的各个成员项的值全部赋值给形参的结构体变量相应的成员项，这就要求实参结构体变量的类型与形参结构体变量的类型完全一致。

【例 6–3】如果将上例中的输出改为用自定义函数输出，则在 main 函数中用来进行输出的语句段如下：

```
   for(p=stu;p<stu+N;p++)
       {
        printf("\n%-6d",p->No);
         printf("%-12s",p->name);
         printf("%2d,%2d,%2d",p->birthday.year,p->birthday.month,
        p->birthday.day);
        for(k=0;k<3;k++) printf("%6d",p->score[k]);
           printf("%14.2f",p->ave);
           }
```

改为

```
    output(stu1,N);
```

同时在程序中添加此函数的定义，具体程序代码如下：

```
void  output(struct student  s[],int n) /*结构体数组作为函数的形参*/
{
struct student  *p=s;
int k;
printf("\n");
for(p=s;p<s+n;p++)
{
printf("\n%-6d",p->No);
printf("%-12s",p->name);
printf("%2d,%2d,%2d",p->birthday.year,p->birthday.month,
p->birthday.day);
 for(k=0;k<3;k++) printf("%6d",p->score[k]);
 printf("%14.2f",p->ave);
}
}
```

6.3 共 用 体

6.3.1 共用体类型的定义

共用体类型与结构体数据类型一样，也是一种构造型的数据类型。但结构体的成员是同时存在的、并分别占用不同的内存单元；而对于共用体的所有成员而言，所有的共用体成员共占同一段内存，某一时刻也只有一个成员起作用，其他成员是不存在的。这样既节省了存储空间，又保持了对象的整体性。

共用体数据类型在定义上与结构体十分相似，但在实际应用中没有结构体那样普遍。在学习过程中与结构体进行类比，只要注意区别就可以了。

共用体类型一般的定义形式如下：

```
union <共用体名>
{
<共用体成员列表说明>
}
```

其中：

(1)“union”是定义共用体的关键字，标志共用体类型，union 后面跟的是共用体名（当此共用体所在程序无需再次定义此共用体结构时，也可省略）；

(2)“共用体名”是共用体的名称，其规则与结构体名一样；

(3)“共用体成员列表说明”指将共用体中的所有成员的数据类型逐一说明。

如：

```
union  exam
```

```
{ int a;
 float b;
 char c;
}x;
```

以上程序定义了一个共用体数据类型 union exam，一个共用体变量 x。形式与结构体相同，但二者的概念不同。此共用体中共有 3 个成员，其类型各不相同。其中 a 为整型，需占两个字节；b 为实型，需占 4 个字节；c 为字符型，需占 1 个字节。而共用体类型中各个成员共占内存中同一段空间，也就是说 a、b、c 都是从同一个地址开始存储的，3 个成员的起始地址相同，都等于共用体的起始地址。

那么既然共占，起始地址又都相同，则整个共用体所占的内存大小应该等于占用内存单元最多的成员所占的单元数，所以共用体类型 union exam 的长度都为 4 个字节。

6.3.2 共用体变量的定义

与结构体变量的定义相似，定义了共用体类型也只是定义了一组特定数据元素的模型，真正参与运算的应该是变量，因为变量才是存放数据的实体。而共用体变量的定义和引用的方式和结构体变量的定义和引用的方式类似，也有如下几种方式。

1. 先定义共用体再定义变量名

```
union  exam
{ char c;
int  a;
float b;
};
union exam un1,un2;
```

2. 在定义类型的同时定义变量

```
union  exam
{ char c;
int  a;
float b;
}un1,un2;
```

3. 不定义类型名而直接定义变量

```
union
{ char c;
int  a;
float  b;
}un1,un2;
```

6.3.3 共用体变量的引用

对于共用体变量，只能引用它的成员，而不能引用整个共用体变量。

引用的一般形式：

共用体变量名.成员名

如：

un1.a，un1.b，un1.c

同样，也能通过定义指向共用体的指针变量来引用共用体变量。如：

```
union exam *pu=&un1;
```

以下也是合法的引用方式：

```
(*pu).c, pu->b
```

在给共用体变量赋值时，只能对共用体的一个成员赋值，而不能对整个共用体赋值，也不能对共用体变量在定义时初始化。因为共用体的成员共用一段连续的内存单元，多次给共用体的成员赋值，那么，每次赋值都会覆盖原来的值，也就是说，对共用体而言，只有最近一次的赋值是有效的，而再去使用原来成员的值是不合适的。

【例 6–4】运行下列程序，并分析其输出结果。

```
#include "stdio.h"
main()
{
 union exam
  { int a;
    float b;
     char  c;
   }x;
 x.a=3;
 x.c='a';
 x.b=4.5;
 printf("%d\t%5.2f\t%c\n",x.a,x.b,x.c);
 printf("%x\t%x\t%x\n",&x.a,&x.b,&x.c);
}
```

运行结果：

```
0       4.50
ffd8    ffd8    ffd8
```

由于共用体变量的各成员所使用的是同一个起始地址，所以对共用体变量的各成员赋值时，其最后一次赋值才是有效的。

6.3.4 共用体变量的应用举例

在数据处理问题中，常用一个数据域存放不同的对象。例如，在一个学校的人员数据管理应用程序中，对“教师”则应登记“部门”，对“学生”则应登记“班级”，他们都是在同一栏中。

【例 6–5】一个学校人员管理应用程序。

```
#include <stdio.h>
#define  N  100
main()
{ struct
  {char  name[20];
   char sex;
   char job;
   union
```

```
   {
    int class;
    char  group[20];
    }category;
  }person[N];
  int i;
  for(i=0;i<N;i++)
   {
    printf("\nInpute %d  person:",i);
    printf("\nname:");gets(person[i].name);
    printf("\nsex:");person[i].sex=getchar();
    getchar();
    printf("\njob:");person[i].job=getchar();
    if(person[i].job=='s')
     { printf("\nclass:");
  scanf("%d",&person[i].category.class);
printf("%s,%c,%d",person[i].name,person[i].sex,person[i].category.class);}
    else
       if(person[i].job=='t')
         {printf("\ngroup:");
          scanf("%s",person[i].category.group);
            printf("%s,%c,%s",person[i].name,
                person[i].sex,person[i].category.group);}
       getchar();
       }

         }
```

6.4 枚举类型

在现实问题中，有些数据的取值用有意义的名字表示更直观。比如，月份、星期用相应的英文单词来表示比用整型或字符型表示让程序的可读性更好，并且它们的取值应该限定在合理的范围内。

6.4.1 枚举类型的定义

在 C 语言中，枚举类型就是若干个采用标识符表示的整型常量的集合。枚举类型的定义方式如下：

enum　枚举名{枚举常量 1，枚举常量 2，…，枚举常量 n};

其中：

(1)“enum”是定义枚举类型的关键字；

(2)“枚举名”是用户定义的类型名，其规则与结构体一样；

(3)“枚举常量”是用户定义的有意义的标识符，即罗列出该枚举类型各种可能的、合法的取值。

如：

```
enum  weekday
  { sun,mon,tue,wed,thu,fri,sat};
```

6.4.2 枚举类型变量的定义

与结构体变量的定义相似，如下所示：

（1）先定义枚举类型再定义变量。

```
enum  weekday
  {sun,mon,tue,wed,thu,fri,sat};
enum weekday d1,d2;
```

上面定义了 d1，d2 两个枚举变量，它们具有 sun，…，sat 共 7 个成员，在使用时只能取 7 个中的任意一个。

（2）在定义枚举类型的同时定义变量。

```
enum  weekday
  {sun,mon,tue,wed,thu,fri,sat}d1,d2;
```

（3）不定义枚举类型名而直接定义变量。

```
enum
 {red,yellow,blue,white,black}color1,color2;
```

6.4.3 枚举类型变量的引用

枚举类型变量的引用方式和普通变量一样，但枚举类型变量的取值范围只能是其枚举类型所枚举的各个常量，一般给枚举类型变量赋值为枚举常量。枚举类型变量的值是在该枚举类型中枚举的常量所代表的整数值范围内的，因此枚举变量可以作为循环变量来控制循环。

【例 6–6】编写一个程序实现下述要求。已知一个口袋中有红、白、黄、蓝 4 种球各若干个，每次取 3 个球，打印输出每次取出 3 种不同颜色的球的所有可能的组合。

分析：球只能是四色之一，而且要判断各球是否同色，应该用枚举数据类型变量来处理。设取出的球为 i,j,k 分别是四种色球之一，并要求 i!=j!=k.

```
#include <stdio.h>
enum color
 { red,white,yellow,blue}i,j,k,p;
main()
{ int n=0,l;
  for(i=red;i<=blue;i++)
   for(j=red;j<=blue;j++)
    if(i!=j)
      for(k=red;k<=blue;k++)
       if((k!=i)&&(k!=j))
        { n++;
          printf("\n%-5d",n);
          for(l=1;l<=3;l++)
           {
            switch(l)
             {  case 1:p=i;break;
```

```
            case 2:p=j;break;
            case 3:p=k;
          }
        switch(p)
          {
            case red:printf("%-10s","red");break;
            case white:printf("%-10s","white");break;
            case yellow:printf("%-10s","yellow");break;
            case blue:printf("%-10s","blue");
          }
      printf("\t");
        }
    printf("\n");
    }
printf("\ntotal:%5d\n",n);
}
```

注意：

（1）在定义枚举数据类型时，枚举表中的标识符并无固定的含义，只是一个符号。仅仅是为了提高程序可读性，才是用这些标识符的，这些标识符不是变量，不能改变其值。

（2）它的值是一些整数，从大括号中第一个名字开始，各名字分别表示 1，2，3…。这是系统自动赋给的。

（3）枚举常量可以用来进行判断比较。其实比较时是按枚举常量的整数进行比较的。比较规则是按其在定义时的顺序号进行比较。如果在定义时没有人为的指定，则系统规定第一个枚举元素的值为 0，以后顺序加 1。

6.5 用户自定义类型

6.5.1 用户自定义类型的含义

C 语言中除了已有的基本类型（如 int、char、float 等）和自己声明的结构体、共用体、指针、枚举类型外，还允许用户自己用新的类型名来代替已有的类型。不过用户自定义类型是对已经存在的基本类型或已经定义了的类型起一个新名字，而不是去定义原来没有的类型。因此，用户自定义类型实际上是一种对类型的声明。

6.5.2 用 typedef 声明基本类型

声明用户自定义类型的方法如下：

（1）定义相应类型的变量；

（2）将变量名用新类型名替换；

（3）在最前面加上 typedef。

具体而言，声明基本类型的形式如下：

```
typedef  基本类型名  新类型名;
```

这样，一个新类型就声明了，可以用其去定义变量。

如：

“typedef　int　INTEGER;”表示用类型名 INTEGER 来代表类型名 int。

“typedef　float　REAL;”表示用类型名 REAL 来代替类型名 float。

有了上述定义之后，就可以用新声明的类型名去定义变量。如：

“INTEGER　a，b;”表示定义整型变量 a，b。它和定义语句“int a，b;”等价。

“REAL　a，b;”表示定义实型变量 a，b。它和定义语句“float a，b;”等价。

这样可以使熟悉 FORTRAN 的用户能用 INTEGER 和 REAL 来定义变量，以适应他们的习惯。

如果在一个程序中涉及到计数问题，可以定义一个整型变量用来计数，如下：

```
typedef  int  COUNT;
COUNT  i;
```

即将变量 i 定义为 COUNT 类型，而 COUNT 就等价于 int，因此 i 是整型，只不过经过这样的定义，可以使人一目了然地知道它们是用于计数的。

6.5.3　用 typedef 声明构造类型

1. 数组类型的声明

声明数组类型的形式如下：

```
typedef  数据类型名  数组类型名;
```

如：

```
typedef  int  ARRAY[5];
ARRAY  a;
```

表示声明 ARRAY 是一个长度为 5 的整型数组类型，并且定义 a 为整型数组变量，相当于：

```
int a[5];
```

另外：

```
typedef  char  *STRING;
STRING  p, s[10];
```

表示声明 STRING 为字符指针类型，并且定义 p 为字符指针变量，s[10]为指针数组，相当于：

```
char  *p, *s[10];
```

2. 结构体类型的声明

结构体类型的声明形式如下：

```
typedef  struct
        {类型名  成员名 1;
         类型名  成员名 2;
  …
类型名  成员名 n;
   }结构体类型名;
```

如：

```
typedef struct
    { int month;
      int day;
```

```
    int year;
  }DATE;                  /*声明 DATE 为共用体类型名*/
```

声明新类型名 DATE，它代表上面指定的一个结构体类型。这时就可以用 DATE 定义变量：

```
DATE  birthday;
DATE  *p;
```

3. 共用体类型的声明

共用体类型的声明形式类似于结构体，此时将定义结构体的关键字 struct 改为定义共用体的关键字 union。

如：

```
typedef union
{ int k;
 char c;
 float f;
 }DA;                  /*声明 DA 为共用体类型名*/
DA  d1;                /*定义 d1 为 DA 类型变量*/
```

习惯上常把用 typedef 声明的类型名用大写字母表示，以便于系统提供的标准类型标识符相区别。

6.5.4　用户自定义类型的应用

使用 typedef 定义新类型的时候，需要注意下列情况。

（1）typedef 只能声明类型名，而不能用于定义变量。

（2）typedef 和#define 有相似之处。

如：

“typedef int INTEGER”与“#define int INTEGER”的作用都是用 INTEGER 代表 int。但事实上，它们二者是不同的。

（1）#define 是在预编译时处理的，它只能作简单的字符串代换，而 typedef 是在编译时处理的。实际上它并不是作简单的字符串替换，而使用新类型名去定义变量。

（2）#define 是预处理命令，不能加分号；而 typedef 是类型声明语句，以分号结束。

6.6　实 训 案 例

一、实训目的

1. 掌握结构体的概念和定义。
2. 掌握结构体数组的应用。

二、实训内容和要求

设某组有 4 个人，每人需输入姓名、学号和 3 门课的成绩，编程求出每个人的 3 科平均成绩，求出 4 个学生的单科平均成绩，并按平均成绩由低分到高分输出。

三、实训程序参考源代码

```
#include <stdio.h>
struct stu
{ char name[20];
  long number;
  float score[4];
};
main()
{void input();
 void aver();
 void order();
 void output();
 void out_row();
 struct stu stud[4]={{"lili",1,77,68,82,74},{"xiaohai",2,82,76,77,90},
{"yiyi",3,60,74,63,78},{"zhanghui",4,75,80,82,76}};
 float row[3];
 aver(stud,4);
 order(stud,4);
 output(stud,4);
 out_row(stud,4);
}
 void aver(struct stu arr[],int n)
{int i,j;
 for(i=0;i<n;i++)
  { arr[i].score[3]=0;
   for(j=0;j<3;j++)
    arr[i].score[3]+=arr[i].score[j];
   arr[i].score[3]/=3;
  }
}
void order(struct stu arr[],int n)
{
  struct stu temp;
  int i,j,x,y;
  for(i=0;i<n-1;i++)
    for(j=0;j<n-1-i;j++)
      if(arr[i].score[3]>arr[j+1].score[3])
       { temp=arr[j];
         arr[j]=arr[j+1];
         arr[j+1]=temp;
       }
}
void output(struct stu arr[],int n)
{
  int i,j;
```

```
  printf("****************************TABLE***************************\n");
  printf("-------------------------------------------------------\n");
  printf("|%10s|%8s|%9s|%9s|%9s|%9s|\n","Name","Number","English","Math",
"Chinese","average");
  printf("-------------------------------------------------------\n");
  for(i=0;i<n;i++)
    {
     printf("|%10s|%8ld|",arr[i].name,arr[i].number);
     for(j=0;j<4;j++)
     printf("%9.2f|",arr[i].score[j]);
     printf("\n");
     printf("-------------------------------------------------------\n");
    }
}
void out_row(struct stu arr[],int n)
{
  float row[4]={0,0,0,0};
  int i,j;
  for(i=0;i<4;i++)
   { for(j=0;j<n;j++)
        row[i]=row[i]+arr[j].score[i];
     row[i]=row[i]/n;
   }
   printf("|%19c|",' ');
   for(i=0;i<4;i++)
      printf("%9.2f|",row[i]);
   printf("\n-------------------------------------------------------\n");
}
```

6.7　习　　题

1. 下列是关于结构体变量的定义，那么变量 s 的成员 a 的正确的表示方法是______。

```
struct  st
{ char a;
  int t;
  }s;
```

A. s.a　　B. s->a　　C. st.a　　D. st->a

2. C 语言结构体类型变量在程序执行期间______。

A. 所有成员一直驻留在内存中　　B. 只有一个成员驻留在内存中

C. 部分成员驻留在内存中　　D. 没有成员驻留在内存中

3. 下面关于结构体数组的描述正确的是______。

A. 结构体数组的元素是结构体变量的成员

B. 一个结构体数组的元素是各种类型的结构体变量

C. 结构体数组元素的成员不能是数组类型

D. 定义结构体数组时，可以同时进行赋值

4. 在下面结构体定义中，结构变量 b 占用内存的字节数是______。

```
struct  data
{
   int j;
   char ch;
   double  f;
 }b;
```

A. 1　　　B. 2　　　C. 8　　　D. 11

5. 根据下面的定义，能打印出字母 m 的语句是______。

```
struct person
    {
char  name[9];
     int age;
    };
struct person class[10]={"john",17, "psul",19, "mary",8, "adam",16};
```

A. printf("%c\n"，class[3].name[0]);　　　B. printf("%c\n"，class[3].name[1]);

C. printf("%c\n"，class[2].name[1]);　　　D. printf("%c\n"，class[2].name[0]);

6. 以下对结构体变量 stu1 中成员 age 的非法引用是______。

```
struct student
{ int age;
 int num;
 }stu1,*p;
p=&stu1;
```

A. stu1.age　　　B. student.age　　　C. p->age　　　D. (*p).age

7. C 语言共用体类型变量在程序运行期间______。

A. 所有成员一直驻留在内存中　　　B. 只有一个成员驻留在内存中

C. 部分成员驻留在内存中　　　D. 没有成员驻留在内存中

8. 在下面的共用体定义中，正确的叙述是______。

```
union date
 {
int j;
char c;
float f;
}a;
```

A. a 所占的内存空间长度等于 f 的长度

B. a 的地址和它的各成员的地址不同

C. a 可以作为函数参数

D. 不能对 a 赋值，但可以在定义 a 时对它初始化

9. 以下对枚举类型名的定义正确的是______。

A. enum a={one,two,three};　　　B. enum a {a1,a2,a3};

C. enum a={'1','2','3'};　　　D. enum a {"one","two","three"}

10. 下面对 typedef 的叙述中不正确的是______。

A. 用 typedef 可以定义各种类型名，但不能用来定义变量

B. 用 typedef 可以增加新类型

C. 用 typedef 只是将已存在的类型用一个新的标识符来代表

D. 使用 typedef 有利于程序的通用和移植

11. 下面程序中 INTEGER 代表的数据类型是______。

```
#include <stdio.h>
typedef int INTEGER;
main()
{
 INTEGER x;
 x=12;
 printf("%d",x);
}
```

A. int　　B. float　　C. char　　D. 不确定

12. 以下程序的作用是读入 5 个学生的情况存入结构体数组。每个学生的情况包括：姓名、学号、性别。若是男同学，则还要登记视力正常与否（正常用 Y，不正常用 N）；对女同学则还要登记身高和体重。请在空处将程序补充完整。

```
struct {
   char name[10];
   int number;
   char sex;
   union  body
     {
      struct{
       int length;
       int weight;
       char  eye;
       }f;
     }body;
   }per[5];
main()
 {
   int j;
   for(j=0;j<5;j++)
    {
      scanf("%s,%d,%c",per[j].name,&per[j].sex);
      if(per[j].sex=='m')
        scanf("%c",   【1】  );
      else  if(per[j].sex=='f')
            scanf("%d%d",【2】, 【3】);
      else  printf("input error\n");
     }
  }
```

13. 写出下列程序的运行结果。

（1）#include <stdio.h>
```
struct student
{
  char  name[10];
  char  sex;
  int   age;
  float  score;
 };
main()
{
 struct  student  stu1,*p;
 p=&stu1;
 strcpy(stu1.name,"chenjian");
 stu1.sex='M';
 stu1.age=18;
 stu1.score=92.5;
 printf("%10s%3c%4d%6.2f\n",(*p).name,(*p).sex,(*p).age,(*p).score);
 }
```
（2）#include <stdio.h>
```
main()
{
 union  exam
  {
    int a;
    float b;
    char  c;
   }x;
 x.a=23;
 x.b=13.6;
 x.c='b';
 printf("%d\n",sizeof(x.c));
 printf("%x\t%x\t%x\n",&x.a,&x.b,&x.c);

 }
```
（3）#include <stdio.h>
```
main()
{ struct
    {
      int num;
      float score;
    }person;
  int num;
  float score;
  num=1;
  score=2;
  person.num=3;
```

```
    person.score=5;
    printf("%d,%f",num,score);
  }
```

14. 编程题。

（1）有 10 名职工，每个职工包括职工号、姓名、工资及奖金，要求找到奖金最高者的姓名和工资。

（2）定义一个结构体变量，其成员包括姓名、性别、年龄及总分等。从键盘输入所需要的具体数据（假设共有 6 名，数据由用户自定），最后用输出函数将其输出。

（3）口袋中有红、黄、蓝、白、黑 5 种颜色的球若干个，每次从口袋里取出 3 个。问得到 3 种不同的球的可能取法，打印出每种组合的 3 种颜色。

第7章 位 运 算

位运算是C语言的一种特殊运算功能，它是以二进制位为单位进行运算的。位运算符只有逻辑运算和移位运算两类。位运算符可以与赋值符一起组成复合赋值符，如&=，|=，^=，>>=，<<=等。

利用位运算可以完成汇编语言的某些功能，如置位，位清零，移位等，还可进行数据的压缩存储和并行运算。

另外这一章还要介绍位段的使用。利用位段使得在高级语言中可以实现数据的压缩，节省了存储空间，同时也提高了程序的效率。位段在本质上也是结构类型，不过它的成员按二进制位分配内存，其定义、说明及使用的方式都与结构相同。

7.1 位运算符和位运算

为了节省内存空间，在系统软件中常将多个标志状态简单地组合在一起，存储到一个字节（或字）中。C语言是为研制系统软件而设计的，常要处理二进制位问题，它提供了实现将标志状态从标志字节中分离出来的位运算功能，这是C语言的重要特色。

所谓位运算是指按二进制位进行的运算，例如，将两个数按位相加等操作。C 语言提供了 6 种位运算符，如表 7–1 所示。

表 7–1 位运算符

运算符	含 义	运算符	含 义
&	按位与	~	按位取反
|	按位或	<<	按位左移
∧	按位异或	>>	按位右移

计算机系统的内存储器是由多个字节组成的，1 个字节由 8 个二进制位（bit）构成，每位的取值为 0 或 1。每个字节的最右端的 1 位是最低位，编号为 0，最左端的 1 位是最高位，编号为 7，具体编号如下所示。

7	6	5	4	3	2	1	0

如十进制数 15 用一个字节的二进制表示为 00001111，则这个字节的第 0、1、2、3 位为 1，第 4、5、6、7 位为 0。

7.1.1　“按位与”运算符（&）

1. 格式

x&y

如要求 4 和 7 相与的值记作 4&7。在求值的时候先把参加位运算的两个数转换成二进制数再进行运算，那么在前例中应先转换成 00000100&00000111，再按照运算规则进行计算。

2. 规则

对应位均为 1 时才为 1，否则为 0。

即：0&0=0；　0&1=0；　1&0=0；　1&1=1

例如，上例中要求 4&7，结果应该等于 4：

```
           0  0  0  0  0  1  0  0
  (&)      0  0  0  0  0  1  1  1
  ---------------------------------
           0  0  0  0  0  1  0  0
```

如果参与运算的数是负数，则将负数表示为二进制的补码形式再进行运算。

3. 主要用途

保留 1 个数的某些位，其余各位置 0。

如果某个数的每一位都想清零，最简单的方法就是将这个数和 0 进行与运算，或者用一个能使这个数的每一个非零位运算成 0 的数。

例如，要将 01101001 这个数所在单元清零，可以将这个数和 10010110 进行与运算，或者其他能达到目的的数，最简单的就是和 0 进行与运算。

如果只想保留某个数的其中一位或者几位，而其余位都进行清零，只要将它和一个数进行与运算，这个数必须在要保留位的数值为 1，其他各位为 0。

例如，要将 01001110 的第 3、5 位保留下来，其余位置 0，则可以用 00101000 和它进行与运算，结果为 00001000。

又如，有一个整数占两个字节，要将取出其低字节部分，可以将这个数和 00000000 11111111 相与，得到的结果就是低字节部分，从而达到目的。

7.1.2 “按位或”运算符（|）

1. 格式

x|y

如要求 59 和 15 相或的值，记作 59|15。先将两个数都转换成二进制数，00111011|00001111，再用下面的规则进行运算。

2. 规则

对应位均为 0 时才为 0，否则为 1。

即：0|0=0；0|1=1；1|0=1；1|1=1；

如上例中求 59|15 的值：

```
           0  0  1  1  1  0  1  1
  (|)      0  0  0  0  1  1  1  1
  ---------------------------------
           0  0  1  1  1  1  1  1
```

两个数相与时只有最高两位两个数都是0，所以除了最高两位其余各位应均为1，运算下来的结果为59|15=63。

3. 主要用途

将1个数的某些位置1，其余各位不变。

例如，要将一个占两个字节的整数的低字节全部置1，其余部分保持不变。这时可以将这个整数和0000000011111111进行或运算，高字节部分和0相或时保持不变，低字节与1相或后全部变为1。

7.1.3 “异或”运算符（∧）

1. 格式

x∧y

如要求3和9异或的值记作3∧9。

2. 规则

对应位相同时为0，不同时为1。

即：0∧0=0；　0∧1=1；　1∧0=1；　1∧1=0

如上例中求3∧9的值：

	0	0	0	0	0	0	1	1
（∧）	0	0	0	0	1	0	0	1
	0	0	0	0	1	0	1	0

“异或”的意思就是两位的值相异（值不一样）时结果就是真（1），否则为假（0），所以3∧9的值为10。

3. 主要用途

使1个数的某（些）位翻转（即原来为1的位变为0，为0的变为1），其余各位不变。另外一个用途是可以不借助中间变量交换两个值。

（1）翻转特定位。因为0与1进行∧运算时保留原来的值，而1与0进行∧运算时变成1，与1进行∧运算时变成0，也就是说用1与某位进行∧运算可以使这一位进行翻转，所以利用这个规则就可以方便地使指定的位的值进行翻转。

如：用01101101的高4位进行翻转，可以将这个数和11110000进行∧运算。

	0	1	1	0	1	1	0	1
（∧）	1	1	1	1	0	0	0	0
	1	0	0	1	1	1	0	1

可以发现运算完以后把原数的高四位部分全部进行了翻转，所以要将指定位进行翻转时只要将这个数与一个特定的数进行∧运算，这个特定的数必须在要翻转的位的值为1，其余位为0。

（2）不借助中间变量交换两个值。如果有两个数x=5，y=4，要将x和y的值进行交换，一般的做法是借助中间变量z，使z=x，x=y，y=z，从而使x和y的值互换。在位运算中，可以利用∧运算，不借助任何中间变量达到使两个数的值互换的目的。

在这之前首先必须知道任何一个数和它本身进行异或时的值一定为0，这是因为两个对应的位如果具有相同的值进行∧时按照规则必为0。根据这条规则，实现x和y的值交换就可以通过以下 3 步来实现：

① $x=x\wedge y$;

② $y=y\wedge x$;

③ $x=x\wedge y$;

通过这样 3 步可以使 x 的值变成原来 y 的值 0100，而 y 的值变成原来 x 的值 0101，实现了两数的交换。

其实如果将①、②、③式合并起来可以更直观的看到结果，合并起来后变为：

④ $x=(x\wedge y)\wedge(y\wedge(x\wedge y))=x\wedge y\wedge y\wedge x\wedge y=x\wedge x\wedge y\wedge y\wedge y$

⑤ $y=y\wedge(x\wedge y)=y\wedge x\wedge y=y\wedge y\wedge x$

在④式中 $x\wedge x=0$，$y\wedge y=0$，所以 x 的最后值为 y。同样，在⑤式中，$y\wedge y=0$，所以 y 的最后值为 x。

7.1.4 “取反”运算符（～）

1. 格式

～x

如要对十进制数 11 按位取反，记作～11。

2. 规则

各位翻转，即原来为 1 的位变成 0，原来为 0 的位变成 1。

即：～0=1；～1=0

上例中 11=00001011，

```
（～）      0  0  0  0  1  0  1  1
---------------------------------
            1  1  1  1  0  1  0  0
```

所以～11=11110100。

3. 主要用途

间接地构造一个数，以增强程序的可移植性。

如果在一个以 16 位存放一个整数的计算机系统中，想要将一个整数的最低位置 0，用前面的&运算就可以实现。例如，使数 x=0000000000110101 的最低位为 0，可以通过和八进制数 177776 进行与运算即 x&1111111111111110 达到目的。但是如果要将这个程序移植到用 32 位存放一个整数的计算机系统时就必须要修改程序了，这样就使程序的可移植性变得很差。要解决这个问题可以通过使用 x&～1 来实现，因为无论数据长度如何，1 的长度会随之变化，～1 的长度也就跟着改变，并且保证始终是最后一位为 0，其余各位为 1，增强了程序的可移植性。

～运算符的优先级要比其他运算符高，所以它总是先执行。

7.1.5 “左移”运算符（<<）

1. 格式

x<<位数

如要将 x 的二进制数左移 2 位，记作 x<<2。

2. 规则

使操作数的各位左移，低位补 0，高位溢出。

左移时各位向左移动 *n* 位，高位溢出，舍弃不起作用。

左移运算相当于乘法运算，但是比乘法运算快得多。如十进制的数左移 *n* 位相当于这个数乘以 10*n*，在二进制中左移 *n* 位相当于乘以 2*n*。需要注意的是这个结论只适用于该数左移时溢出舍弃的高位不含 1 的情况。

如：x=126，二进制形式为 01111110，x<<1 为 11111100，相当于 x 乘以 2，但是 x<<2 为 11111000，高位溢出的部分包含了 1，就不等于 x 乘以 4 了。

x	X 的二进制形式	X<<1	X<<2
126	01111110	11111100	11111000

7.1.6 “右移”运算符（>>）

1. 格式

x>>位数

如要将 x 的二进制数右移 2 位，记作 x>>2。

2. 规则

使操作数的各位右移，移出的低位舍弃，高位根据情况补位。

对无符号数和有符号中的正数，高位补 0，低位舍弃；

如：x=15，二进制形式为 00001111，x>>2 为 00000011，低位的两位舍弃了，高位直接补 0。

右移 *n* 位相当于除以 2*n*，例如，20>>2=5。

有符号数中的负数，取决于所使用的系统：补 0 的称为“逻辑右移”，补 1 的称为“算术右移”，

如：x=10010110

x>>1:　01001011（逻辑右移）

x>>1:　11001011（算术右移）

7.1.7 位运算赋值运算符

位运算符与赋值运算符可以组合成复合赋值运算符，每个复合赋值运算符是双目运算符与简单赋值运算符的组合。复合赋值运算的一般格式为

变量 双目运算符 = 表达式

它等价于：变量 = 变量 双目运算符 (表达式)。

如：x&=y 相当于 x=x&y，x>>=2 相当于 x=x>>2。

复合赋值运算符的作用是先将复合运算符右边表达式的结果与左边的变量进行算术运算，然后再将最终结果赋予左边的变量。所以复合运算要注意：一是复合运算符左边必须是变量；二是复合运算符右边的表达式计算完成后才参与复合赋值运算。

复合赋值运算符的结合性和优先级等同于简单的赋值运算符“=”。如：|=，&=，∧=，<<=，>>=。

复合运算符常用于某个变量自身的变化，尤其当左边的变量名很长时，使用复合运算

符书写更为方便。

7.1.8 不同长度的数据进行位运算

如果进行位运算的两个数据长度不同，系统会自动将它们按右端进行对齐，将数据长度短的数左端补位，若是整数或无符号数，左侧全部补满 0，若是负数，左端补满 1。

7.2 位 段

一般内存中的信息的存取以字节为单位，实际上有的时候，存储 1 个信息不必占用 1 个字节，只需二进制的 1 个（或多个）位就够用，如“真”或“假”用 0 或 1 表示，只需 1 位即可。为了节约内存空间，C 语言引入了位段类型。

1. 位段的概念与定义

所谓位段类型，是一种特殊的结构类型，其所有成员均以二进制位为单位定义长度，并称成员为位段。

位段定义与结构定义相仿，其形式如下：

```
struct 位段结构名
{ 位段列表 };
```

其中位段列表的形式如下：

```
类型说明符 位段名：位段长度；
```

如：

```
struct abc_data
{
int a:4;
Int b:2;
int c:2;
};
```

位段变量的说明与结构变量说明的方式相同，可采用先定义后说明、同时定义说明或者直接说明这 3 种方式。

如：

```
struct abc_data
{
int a:4;
int b:2;
int c:2;
}tt;
```

说明：

tt 为 abc_data 变量，共占一个字节，其中位段 a 占 4 位，位段 b 占 2 位，位段 c 占 2 位。

2. 位段的说明

（1）因为位段类型是一种结构类型，所以位段类型和位段变量的定义，以及对位段（即位段类型中的成员）的引用，均与结构类型和结构变量一样。

（2）位段可以无位段名，这时它只用来作填充或调整位置。无名的位段是不能使用的。如：

```
struct k
{
int a:1
int :2 /*该2位不能使用*/
int b:3
int c:2
};
```

从此例可以看出，位段在本质上就是一种结构类型，只不过其成员是按二进制位分配的。

（3）使用长度为0的无名位段，可使其后续位段从下一个字节开始存储。

如：

```
struct abc_data
{
unsigned a:4
unsigned :0       /*空域*/
unsigned b:4      /*从下一单元开始存放*/
unsigned c:4
};
```

在这个位段定义中，a占第一字节的4位，后4位填0表示不使用，b从第二字节开始，占用4位，c占用4位。

（4）1个位段必须存储在1个存储单元（通常为1字节）中，不能跨越2个。如果本单元不够容纳某位段，则从下1个单元开始存储该位段。

（5）可以用%d、%x、%u和%o等格式字符，以整数形式输出位段。

（6）位段可以在数值表达式中引用，它会被系统自动地转换成整型。如tt.a+10/tt.b是合法的。

7.3 应用举例

1. 位运算总结

（1）进行位运算的操作数都只能是整型或字符型数据，除按位取反为单目运算符外，其余均为双目运算符。

（2）参与运算时，操作数x和y，都必须首先转换成二进制形式，然后再执行相应的按位运算。

例如，5<<2=20：0101 → 10100，20>>2=5：10100 → 00101。

（3）实现&、|、∧运算主要用途的方法如下。

构造1个整数：该数在要取（或保留）的位、或要置1的位、或要翻转的位上为1，其余均为0。

进行按位与、或按位或、或按位异或操作。

（4）实现按位取反主要用途的方法如下：

求～0，间接地构造一个全1的数；

按需要进行左移或右移操作，构造出所需要的数。

【例7–1】从键盘上输入1个正整数给int变量num，输出由8～11位构成的数（从低位、0 号开始编号）。

基本思路：

（1）使变量 num 右移 8 位，将 8～11 位移到低 4 位上。

（2）构造 1 个低 4 位为 1、其余各位为 0 的整数。

（3）与 num 进行按位与运算。

```
main()
{
int num, mask;
        printf("Input a integer number: ");
        scanf("%d",&num);
        num >>= 8;             /*右移 8 位，将 8～11 位移到低 4 位上*/
        mask = ～ ( ～0 << 4); /*间接构造 1 个低 4 位为 1、其余各位为 0 的整数*/
        printf("result=0x%x\n", num & mask);
    }
```

程序运行情况：

```
Input a integer number:1000 ↙
result=0x3
```

说明：

按位取 0 的反，为全 1；左移 4 位后，其低 4 位为 0，其余各位为 1；再按位取反，则其低 4 位为 1，其余各位为 0。这个整数正是我们所需要的。

2. 位段的使用

位段的使用和结构成员的使用相同，其一般形式如下：

位段变量名.位段名

位段允许用各种格式输出。

【例 7–2】给指定的各位段赋值并将结果打印出来。

```
struct packed_data
{
unsigned a:2;
  unsigned b:3;
  unsigned c:4;
  int i;
} data;
```

引用时：

```
data.a = 2;        /*位段 a 占 2 位，允许值的范围是 0～3 */
data.b = 7;        /*位段 b 占 3 位，允许值的范围是 0～7 */
data.c = 9;        /*位段 c 占 4 位，允许值的范围是 0～15 */
printf("%d %d %d", data.a, data.b, data.c);
```

7.4 实 训 案 例

一、实训目的

1. 掌握位运算符的运算规则。

2. 掌握位运算符的应用。

二、实训内容和要求

1. 把整型变量 a 的高八位清零，保留低八位。
2. 将一个十进制数转化为二进制数输出。

三、实训程序参考源代码

1.

分析：可把 a 和一个高八位为 0 低八位为 1 的数进行按位与运算。

```
#include <stdio.h>
main()
{int a=268,b=255,c;
 c=a&b;
 printf("a=%d,b=%d,c=%d",a,b,c);
}
```

2.

分析：C 语言标准输出函数只能将一个整数以十进制、八进制、十六进制输出，但是 C 语言没有二进制输出格式，可以利用位运算进行转换，其方法如下：

设置一个屏蔽字，循环测试每一位是 0 还是 1（一个整数 2 个字节，16 位，测试 16 次），每次测试后屏蔽字右移 1 位以便测试下一位，并输出测试结果。循环测试时可从最高位开始测，只要设置这个屏蔽字的最高位一个位为 1 即可，其余为 0，为 1 的位为测试位，将此屏蔽字与被转换数进行“按位与”运算，根据运算结果判断被测试的位是 1 还是 0。

```
#include <stdio.h>
main()
{int i,bit;
 unsigned int n,maskword;
 maskword=0x8000;
 printf("Enter a integer:");
 scanf("%d",&n);
 printf("binary of %u is:",n);
 for(i=0;i<16;i++)
   {if(i%4==0&&i!=0) printf(",");
    bit=(n&maskword)?1:0;
    printf("%d",bit);
    maskword=maskword>>1;
   }
  printf("\n");
}
```

7.5 习 题

1. 以下运算符中优先级最低的是______，优先级最高的是______。

A. &&　　B. &　　C. ||　　D. |

2. 表达式 0x13&0x17 的值是______。

A. 0x17　　B. 0x13　　C. 0xf8　　D. 0xec

3. 若 a=1,b=2 则 a|b 的值是______。

A. 0　　B. 1　　C. 2　　D. 3

4. 若有以下程序段：

```
int x=1,y=2;
x=x^y;
y=y^x;
x=x^y;
```

则执行以上语句后 x 和 y 的值分别是______。

A. x=1,y=2　　B. x=2,y=2　　C. x=2,y=1　　D. x=1,y=1

5. 设有以下说明：

```
struct packed
{    unsigned one:1;
     unsigned two:2;
     unsigned three:3;
     unsigned four:4;
}data;
```

则以下位段数据的引用中不能得到正确数值的是______。

A. data.one=4　　B. data.two=3　　C. data.three=2　　D. data.four=1

6. 请指出下面程序的运行结果。

（1）
```
main()
{  unsigned char a,b;
   a=0x9d;
   b=0xa5;
   printf("a AND b:%x\n",a&b);
   printf("a  OR b:%x\n",a|b);
   printf("a XOR b:%x\n",a^b);
}
```

（2）
```
main()
{  unsigned a=0112,x,y,z;
   x=a>>3;
   printf("x=%o,",x);
   y=~(~0<<4);
   printf("y=%o,",y);
   z=x&y;
   printf("z=%o\n",z);
}
```

（3）
```
main()
{  unsigned a=0361,x,y;
   int n=5;
   x=a<<(16-n);
   printf("x=%o\n",x);
```

```
    y=a>>n;
    printf("y1=%o\n",y);
    y|=x;
    printf("y2=%o\n",y);
}
```

第 8 章　文　件

> C 语言中的"文件"是一个逻辑概念，不仅可以用来表示磁盘文件，还可以把终端设备视为文件。因此，文件的操作比较复杂，但也是编制实用程序所必须掌握的知识。
>
> 本章主要介绍文件的基本知识及其使用方法，重点介绍文件的编制和读写方法。

8.1　C 文件概述

所谓"文件"是指一组相关数据的有序集合。这个数据集有一个名称，叫作文件名。实际上在前面的各章中我们已经多次使用了文件，例如源程序文件、目标文件、可执行文件、库文件（头文件）等。文件一般是驻留在外部介质（如磁盘等）上的，在使用时才调入内存中来。从不同的角度可对文件作不同的分类。从用户的角度看，文件可分为普通文件和设备文件两种。

普通文件是指驻留在磁盘或其他外部介质上的一个有序数据集，可以是源文件、目标文件、可执行程序；也可以是一组待输入处理的原始数据，或者是一组输出的结果。对于源文件、目标文件、可执行程序可以称作程序文件，对于输入/输出数据可称作数据文件。

设备文件是指与主机相联的各种外部设备，如显示器、打印机、键盘等。在操作系统中，把外部设备也看作是一个文件来进行管理，把它们的输入、输出等同于对磁盘文件的读和写。通常把显示器定义为标准输出文件，一般情况下在屏幕上显示有关信息就是向标准输出文件输出。如前面经常使用的 printf，putchar 函数就是这类输出。键盘通常被指定为标准的输入文件，从键盘上输入就意味着从标准输入文件上输入数据。scanf,getchar 函数就属于这类输入。

8.1.1　C 文件的基本格式

C 语言把文件看做是一个字符的序列，即文件是由一个个的字符数据顺序组成的。根据数据的组织形式，C 文件可分为 ASCII 文件和二进制文件两种。

ASCII 文件也称为文本文件，这种文件在磁盘中存放时每个字符对应一个字节，用于存放对应的 ASCII 码。

例如，数 5678 的存储形式如图 8–1 所示。

ASCII码:	00110101	00110110	00110111	00111000
	↓	↓	↓	↓
十进制码:	5	6	7	8

图 8–1　5678 的存储形式

从图 8–1 可以看出，数 5678 共占用 4 个字节。

二进制文件是按二进制的编码方式来存放文件的，每个字节存放一个数据（0～255），文件中的数据形式和内存中的数据形式一模一样。

例如，数 5678 的二进制存储形式为：

00010110 00101110 只占两个字节。

二进制文件虽然也可在屏幕上显示， 但其内容无法读懂。C 系统在处理这些文件时，并不区分类型，都看成是字符流，按字节进行处理。输入输出字符流的开始和结束只由程序控制而不受物理符号（如回车符）的控制。因此也把这种文件称作“流式文件”。

8.1.2 缓冲文件和非缓冲文件

在 C 语言中，对文件的处理一般有两种方法。

1. 缓冲文件系统

在缓冲文件系统中，系统在对文件进行读写之前首先在内存区开辟一个专用内存区域——缓冲区。从内存向磁盘写文件时必须先写入缓冲区，装满缓冲区后才一起写到磁盘上去；从磁盘读文件时必须先将一批数据读到缓冲区，充满后再从缓冲区将数据逐个送到程序数据区，如图 8–2 所示。

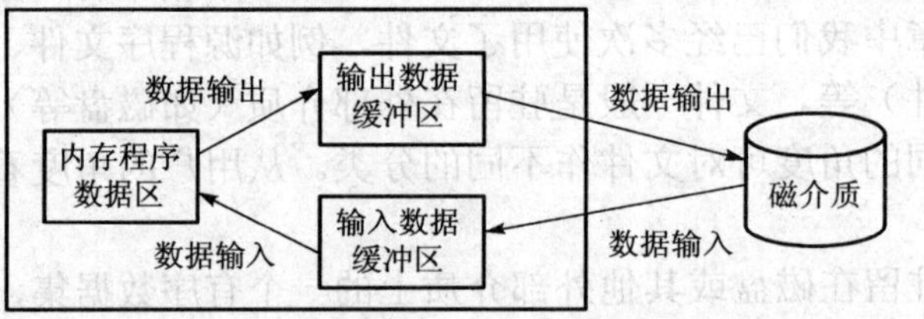

图 8–2 缓冲区文件系统

一般情况下，用缓冲区文件系统来处理文本文件，使用缓冲区文件系统进行的输入输出称为高级磁盘输入输出。

高级磁盘输入输出提供 4 种读写文件的方法，具体如下：

（1）读写一个字符的方法，使用 fgetc 和 fputc 函数；

（2）读写一个字符串的方法，使用 fgets 和 fputs 函数；

（3）读写一个“记录”的方法，使用 fread 和 fwrite 函数；

（4）格式化读写的方法，使用 fscanf 和 fprintf 函数。

2. 非缓冲文件系统

在非缓冲文件系统中，文件的处理不自动开辟确定大小的缓冲区，而是由程序为每个文件设定确定大小的缓冲区，它占用的是操作系统的缓冲区，而不是用户存储区。一般地，用非缓冲文件系统进行的输入输出称为低级的输入输出。

8.2 文件类型指针

8.2.1 文件类型

缓冲文件系统为每一个被使用的文件开辟一个文件信息区，专门用来存放这些文件的相关信息（如文件的名字、文件状态及文件当前位置等），直到这个文件被关闭。这个文件信息区在内存中是一个结构体变量，该结构体变量是由系统定义的，取名为 FILE,Turbo C 在 stdio.h 文件中有以下的文件类型声明：

```
typedef struct
{
short level;                    /*缓冲区“满”或“空”的程度*/
unsigned flags;                 /*文件状态标志*/
char fd;                        /*文件描述符*/
unsigned char hold;             /*如无缓冲区不读取字符*/
short bsize;                    /*缓冲区的大小*/
unsigned char  *baffer;         /*数据缓冲区的位置*/
unsigned ar    *curp;           /*指针，当前的指向*/
unsigned        istemp;         /*临时文件，指示器*/
short        token;             /*用于有效性检查*/
}FILE;
```

8.2.2 文件类型指针

有了结构体 FILE 类型之后，可以用它来定义若干个 FILE 类型的变量，以便存放若干个文件的信息。这些结构体变量不用变量名来标识，而设置一个指向该结构体变量的指针变量，通过它来访问该结构体变量。如：

```
FILE *fp;
```

fp 就是一个指向 FILE 类型结构的指针变量，但此时它还没有具体指向哪一个结构体变量，只要把某一个文件的结构体变量的起始地址赋给 fp，fp 就指向该 FILE 结构体变量，通过 fp 使用结构体变量中的文件信息，从而访问该文件。也就是说，C 程序是通过文件指针变量找到与它相关的文件的。

如果有多个文件，应该设多个指向 FILE 类型结构体的指针变量，以实现对文件的访问。

8.3 文件的打开与关闭

对文件读写之前应该打开文件，在使用结束之后应该关闭文件。文件的打开和关闭都是通过 C 语言的库函数实现的。

8.3.1 文件的打开（fopen 函数）

C 语言中，用 fopen()函数来实现打开文件。fopen 函数的调用方式通常为：

```
fopen(文件名，使用文件方式);
```

fopen 函数在执行时带回一个 FILE 类型的指针，通常赋给一个文件指针变量，如 fp。这样文件指针 fp 就和被打开的文件联系起来了，可以通过文件指针 fp 来对文件进行读写。

如：

```
fp=fopen("t1","r");
```

它表示要打开名字为 t1 的文件，使用文件方式为“读入”(r 代表 read，即读入)，fopen 函数带回指向 t1 文件的指针并赋给 fp，这样 fp 就和文件 t1 相关联了，或者说 fp 指向 t1 文件。可以看出，在打开一个文件时，通知给编译系统以下 3 个信息：需要打开的文件名，也就是准备访问的文件的名字；使用文件的方式（“读”还是“写”等）；让哪一个指针变量指向被打开的文件。使用文件的方式如表 8–1 所示。

表 8–1　C 语言文件使用方式

文件使用方式	含　义
“r”（只读）	为输入打开一个文本文件
“w”（只写）	为输出打开一个文本文件
“a”（追加）	向文本文件尾增加数据
“rb”（只读）	为输入打开一个二进制文件
“wb”（只写）	为输出打开一个二进制文件
“ab”（追加）	向二进制文件尾增加数据
“r+”（读写）	为读/写打开一个文本文件
“w+”（读写）	为读/写建立一个新的文本文件
“a+”（读写）	为读/写打开一个文本文件
“rb+”（读写）	为读/写打开一个二进制文件
“wb+”（读写）	为读/写建立一个新的二进制文件
“ab+”（读写）	为读/写打开一个二进制文件

说明：

（1）用“r”方式打开的文件只能用于向计算机输入，而不能用作向该文件输出数据，而且该文件应该已经存在，不能用“r”方式打开一个并不存在的文件（即输出文件），否则出错。

（2）用“w”方式打开的文件只能用于向该文件写数据（即输出文件），而不能用来向计算机输入数据。如果原来不存在该文件，则在打开时新建立一个以指定的名字命名的文件。如果原来已存在一个以该文件名命名的文件，则在打开时将该文件删除，然后重新建立一个新文件。

（3）如果希望向文件末尾添加新的数据（不希望删除原有数据），则应该用“a”方式打开，但此时该文件必须已存在，否则将得到出错信息。打开时，位置指针移到文件末尾。

（4）用“r+”、“w+”、“a+”方式打开的文件既可以用来输入数据，也可以用来输出数据。用“r+”方式时该文件应该已经存在，以便能向计算机输入数据。用“w+”方式则新建立一个文件，先向此文件写数据，然后可以读此文件中的数据。用“a+”方式打开的文件，原来的文件不被删去，位置指针移到文件末尾，可以添加，也可以读。

（5）如果不能实现打开的任务，fopen 函数将会带回一个出错信息。出错的原因可能是用“r”方式打开一个并不存在的文件、磁盘出故障、磁盘已满无法建立新文件等。此时 fopen 函数将带回一个空指针值 NULL（NULL 在 stdio.h 文件中已被定义为 0）。

8.3.2　文件的关闭（fclose 函数）

文件关闭指在使用完一个文件后需要将该文件关闭，关闭文件后文件指针变量就不再指向该文件了，以后不能再通过该指针对原来与其相连的文件进行读写操作。

C 语言中，使用 fclose()函数关闭文件，它的一般调用形式为：

```
fclose(文件指针变量);
```

如：

```
fclose(fp);
```

表示通知系统，将此指针指向的文件关闭，并释放相应的文件信息区。这样原来的指针变量不再指向该文件，在再次打开该文件之前，就不能通过这个指针来访问这一文件了。

fclose 函数也带回一个值，如果顺利地完成了关闭操作，则返回值 0；否则返回 EOF(-1)。

8.4　文件的读写

文件打开之后，就可以对该文件进行读写操作了，文件的读写包括字符读写、数据读写、格式化读写、字读写和字符串读写等方式，这些读写操作都是通过函数来实现的。

8.4.1　字符读写函数（fputc 函数和 fgetc 函数）

1. 字符写函数 fputc

调用形式：fputc(ch,fp);

fputc 函数的作用是将字符（ch 的值）写入到 fp 所指向的文件中去。其中 ch 是要写入的字符，它可以是一个字符常量，也可以是一个字符变量。fp 是文件指针变量，fp 指向的文件已经以写或读写方式打开。

如果写入字符成功，则函数返回值为该字符的 ASCII 码值；如果写入字符不成功，则返回值为 EOF。写完一个字符后，文件的读写位置向后移动一个字节。

2. 字符读函数 fgetc

调用形式：ch=fgetc(fp);

fgetc 函数的作用是从指定的文件读入一个字符，该文件必须是以读或读写方式打开。其中 fp 为文件型指针变量，ch 为字符变量。

fgetc 函数带回一个字符，赋给 ch。如果在执行 fgetc 函数读字符时遇到文件结束符，函数返回一个文件结束标志 EOF(-1)。读完一个字符后，文件的读写位置向后移动一个字节。

注意：

ANSI C 提供了一个 feof 函数来判断文件是否真的结束。feof(fp)用来测试 fp 所指向的文件当前状态是否结束。如果是文件结束，函数 feof(fp)的值为 1（真），否则为 0（假）。

```
while(!feof(fp))
{c=fgetc(fp);
…
}
```

这种判断方法在二进制文件和文本文件中都适用。

【例 8–1】实现存储一个文件的程序。

```
#include <stdio.h>
main()
{
FILE *fp;
 char ch;
 if((fp=fopen("file.in","w"))==NULL)
     {
```

```
printf("cannot open file\n");
exit(0);
}
ch=getchar();
while(ch!='#')/*输入若干以回车键为结束的字符，直到'#'，认为输入结束*/
  {
fputc(ch,fp);
       putchar(ch);            /*把输入的文字显示在屏幕上*/
       ch=getchar();
       }
  fclose(fp);
}
```

运行结果：

```
This is C program!↙        （输入文字）
This is C program!         （putchar函数将其显示在屏幕上）
My name is C.↙
My name is C.
Hello#↙                    （输入文字带结束符#）
Hello                      （显示在屏幕上并结束）
```

本段程序运行时，输入要写入该磁盘文件的文字，每段都以回车结束，“#”表示输入结束，程序将输入的内容写到以 file.in 命名的磁盘文件中，同时在屏幕上显示这些字符，以便核对。

可以用 Dos 命令将 file.in 文件中的内容打印出来：

```
C>type file.in↙
This is C program!
My name is C.
Hello
```

这就证明了在 file.in 文件中已经存入了所需要的信息。

【例 8–2】读出磁盘文件 file.in 的内容，将其显示在屏幕上，同时把从文件 file.in 中读出的内容写到文件 file.out 中。

```
#include <stdio.h>
main()
{
FILE *in,*out;                  /*定义 in、out 为文件指针变量*/
char ch;
if((in=fopen("file.in","r"))==NULL)/*打开文件 file.in，若打不开则退出*/
{
printf("cannot open file\n");
exit(0);
}
if((out=fopen("file.out","w"))==NULL)
{
printf("cannot open file\n");
exit(0);
}
```

```
while(!feof(in))
{
ch=fgetc(in);          /*从 file.in 文件中读出字符，赋给变量 ch*/
putchar(ch);           /*将读出的字符输出到屏幕上*/
fputc(ch,out);         /*再将读出的字符写入到 file.out 文件中*/
}
        fclose(in);           /*关闭文件*/
        fclose(out);
        }
```

可以用如下 Dos 命令查看读写结果：

```
C>type file.in↙
This is C program!
My name is C.
Hello
C>type file.out↙
This is C program!
My name is C.
Hello
```

注意：

程序中，以“r”方式打开文件 file.in，因为该文件已经存在，以“w”方式打开文件 file.out，文件 file.out 在打开前可以不存在。

8.4.2　字符串读写函数（fputs 函数和 fgets 函数）

1. 字符串写函数 fputs

调用形式：fputs(str,fp);

其中，fp 是 FILE 类型的指针变量，str 可以是字符串常量、字符数组或指向某字符串的指针。fputs 函数的作用是把以 str 为起始地址的字符串输出到 fp 指定的文件中，最后的字符结束标志‘\0’不输出，若输出成功，函数值为 0，否则为 EOF。

如：

```
fputs("China",fp);
```

是把字符串"China"输出到 fp 指向的文件。

2. 字符串读函数 fgets

调用形式：fgets(str,n,fp);

从 fp 指针指向的文件中读取 n–1 个字符，并把它放到字符数组 str 中，在 str 数组最后自动加一个‘\0’结束标识符，因此得到的字符串共有 n 个字符。如果在读完 n–1 个字符之前遇到换行符或 EOF，读入结束。fgets 函数返回值为 str 的首地址。

8.4.3　数据块读写函数（fwrite 函数和 fread 函数）

1. 数据块写函数 fwrite

调用形式：fwrite(buffer,size,count,fp);

其中，buffer 是一个指针，是写入数据的存放地址；size 是要读取的字节数；count 是要进行写入多少个 size 字节的数据项；fp 是文件型指针。

fwrite 函数的功能：在 fp 指针指向的文件中写入 count 个 size 字节的数据项，并存放在 buffer 地址中。

2. 数据块读函数 fread

调用形式：fread(buffer,size,count,fp);

其中，buffer 是一个指针，它是读入数据的存放地址；size 是要读取的字节数；count 是要进行读取多少个 size 字节的数据项；fp 是文件型指针。

fread 函数的功能：从 fp 指向的文件中读取 count 个 size 字节大小的数据块，存放到 buffer 指定的内存中。

说明：

（1）如果文件以二进制形式打开，用 fread 和 fwrite 函数就可以读写任何类型的信息。

（2）如果 fread 或 fwrite 调用成功，则函数返回值为 count 的值，即读入或写入数据项的完整个数。

【例 8–3】假设一个学生的信息包括姓名、学号、年龄和成绩，写一程序完成从键盘读入 40 名学生的信息，然后把信息转存到磁盘文件上去。

分析：

（1）根据要求，学生的信息应该是结构体类型，40 名学生信息可以由一个结构体数组表示：

```
 struct student_type
 {
char name[10];
 int num;
 int age;
 float mark;
 }stud[40];
```

（2）使用以下 for 语句和 fwrite 函数可以将内存中的学生数据输出到磁盘文件中去：

```
for(i=0;i<40;i++)
fwrite(&stud[i],sizeof(struct student_type),1,fp);
```

完整的程序如下：

```
  #include <stdio.h>
  #define SIZE 40
struct student_type
{
char name[10];
 int num;
 int age;
     float mark;
 }stud[SIZE];
  void save()                                   /*写入文件函数 save*/
  {
FILE *fp;
int i;
if((fp=fopen("stu_list","wb"))==NULL)    /*打开文件*/
{
```

```
printf("cannot open file\n");
return;
}
for(i=0;i<SIZE;i++)
if(fwrite(&stud[i],sizeof(struct student_type),1,fp)!=1)        /*写入文件*/
printf("file write error\n");
fclose(fp);                              /*如果写入出错则关闭文件*/
}
main()
{
int i;
for(i=0;i<SIZE;i++)
scanf("%s%d%d%f",stud[i].name,&stud[i].num,
&stud[i].age,&stud[i].mark);
save();
}
```

从键盘输入 5 个学生的数据：

```
zoupeng 010002 19 356.8↙
zongcong 010011 20 369.4↙
xubao 010025 18 362.1↙
weiwei 010034 20 358.7↙
caoyuan 010041 19 366.5↙
```

输完以上数据后，程序调用 save 函数，将这些数据输出到以“stu_list”命名的磁盘文件中。fwrite 函数的作用是将一个数据块送到 stu_list 文件中。

【例 8–4】编写一个程序，使得从“stu_list”文件中读入数据，然后在屏幕上输出。

```
#include <stdio.h>
#define SIZE 40
struct student_type
{
char name[10];
 int num;
 int age;
 float mark;
 }stud[SIZE];
main()
{
int i;
 FILE *fp;
 fp=fopen("stu_list","rb");
 for(i=0;i<SIZE;i++)
 {
fread(&stud[i], sizeof(struct student_type),1,fp);
printf("%-10s%6d%4d%9.2f",stud[i].name,
stud[i].num,stud[i].age,stud[i].mark);
}
 fclose(fp);
```

```
}
```

运行结果：

```
zoupeng   010002  19   356.8
zongcong  010011  20   369.4
xubao     010025  18   362.1
weiwei    010034  20   358.7
caoyuan   010041  19   366.5
```

8.4.4 格式化读写函数（fprintf 函数和 fscanf 函数）

fprintf 函数、fscanf 函数与 printf 函数、scanf 函数作用相似，都是格式化读写函数，只不过 fprintf 和 fscanf 函数的读写对象是磁盘文件而不是终端。

1. 格式化写函数 fprintf

调用形式：fprintf（文件指针，格式字符串，输入列表）；

如：

```
fprintf(fp,"%d,%f",m,n);
```

将整型变量 m 和实型变量 n 的值按%d 和%f 的格式输出到 fp 指针指向的文件中去。

2. 格式化读函数 fscanf

调用形式：fscanf（文件指针，格式字符串，地址列表）；

如：

```
fscanf(fp,"%d,%f",&m,&n);
```

从磁盘文件中读入的整型变量 m 和实型变量 n 的值输入到 fp 指针指向的文件中去。

如：

```
fprintf(fp,"%d,%6.2f",i,t);
```

如果 i=3,t=4.5,则输出到磁盘文件上的是以下的字符串：

```
3, 4.50
```

同样，用以下 scanf 函数可以从磁盘文件上读入 ASCII 字符：

```
fscanf(fp,"%d,%f",&i,&t);
```

磁盘文件上如果有以下字符：

```
3, 4.5
```

则将磁盘文件中的数据 3 送给变量 i，4.5 送给变量 t。

用 fprintf 和 fscanf 函数对磁盘文件读写，使用方便，容易理解，但由于在输入时要将 ASCII 码转换成二进制形式，在输出时又要将二进制形式转换成字符，花费时间比较多。

8.4.5 读写其他类型数据

大多数 C 编译系统都提供另外两个函数：putw 和 getw，用来对磁盘文件读写一个字。例如，

```
putw(2004,fp);
```

作用是将整数 2004 输出到 fp 指向的文件。而

```
i=getw(fp);
```

作用是从磁盘文件读一个整数到内存，赋给整型变量 i。

8.5 文件定位

文件中有一个位置指针，指向当前读写的位置。如果顺序读写一个文件，每次读写一个字符，则读写完一个字符后，该位置指针自动移到指向下一个字符的位置。如果想改变这样的规律，即强制使指针指向其他指定的位置，这可以用有关函数来实现。

8.5.1 rewind 函数

rewind 函数的作用是使位置指针重新返回文件的开头，此函数没有返回值。

【例 8–5】有一个磁盘文件，编程完成第一次读它并显示在屏幕上，第二次把它复制到另一个文件上。

```
#include <stdio.h>
void main()
{
FILE *fp1,*fp2;
 fp1=fopen("file1.c","r");
 fp2=fopen("file2.c","w");
 while(!feof(fp1)) putchar(getc(fp1));
 rewind(fp1);
 while(!feof(fp1)) put(getc(fp1),fp2);
 fclose(fp1);
 fclose(fp2);
}
```

在第一次读取磁盘文件并显示在屏幕以后，文件 file1.c 的位置指针已指到文件末尾，feof 的值为非零值。执行 rewind 函数，使文件的位置指针重新定位于文件开头，并使 feof 函数的值恢复为零。

8.5.2 fseek 函数

对流式文件可以进行顺序读写，也可以进行随机读写，关键在于控制文件的位置指针。如果位置指针是按字节移动的，就是顺序读写；如果能将位置指针按需要移动到任意位置，就可以实现随机读写。随机读写是指读写完前一个字符后，并不一定要读写其后续的字符，而可以读写文件中所需的任意字符。

用 fseek 函数可以改变文件的位置指针，函数的调用形式为

```
fseek (文件指针,位移量,起始点);
```

其中“起始点”用 0、1 或 2 代替，0 代表“文件开始”，1 为“当前位置”，2 为“文件末尾”。“位移量”指以“起始点”为基点，向前或向后移动的字节数。大多数 C 版本要求位移量是 long 型数据。这样当文件的长度大于 64 KB 时不至于出问题。ANSI C 标准规定在数字的末尾加一个字母 L，就表示是 long 型。

如：

```
fseek(fp,100L,0);          将位置指针移到离文件头 100 字节处
fseek(fp,50L,1);           将位置指针移到离当前位置 50 字节处
```

```
fseek(fp,-10L,2);        将位置指针从文件末尾处向后退 10 个字节
```

【例 8–6】从 stu_list 文件中任意指定输出一个学生的记录。

```
#include <stdio.h>
void main()
{struct
   {
char name[10];
       int num;
       int age;
       float mark;
      }stu;
  FILE *fp;
  int rec_no;
  long offset;
  if((fp=fopen("stu_list","rb"))==NULL)
     {
printf("不能打开该文件\n");
        exit(0);
     }
  printf("输入所需要的记录号：\n");
  scanf("%d",&rec_no);
  offset=(rec_no-1)*sizeof(stu);
  if(fseek(fp,offset,0)!=0)
     {
printf("不能移动到该位置\n");
        exit(0);
     }
  fread(&stu,sizeof(stu),1,fp);
  printf("name:%s\n",stu.name);
  printf("num:%d\n",stu.num);
  printf("age:%d\n",stu.age);
  printf("score:%5.2f\n",stu.mark);
  fclose(fp);
}
```

运行结果：

```
输入所需要的记录号：
2↙
name: zongcong
num: 010011
age: 20
score: 369.4
```

8.5.3 ftell 函数

ftell 函数的作用是得到流式文件中的当前位置，并将它用相当于文件开头的位移量表示出来。由于文件中的位置指针经常移动，人们往往不容易辨清其当前位置。用 ftell 函数

可以得到当前位置。如果 ftell 函数返回值为-1L，表示出错。如语句

```
i=ftell(fp);
if(i==-1L)printf("error\n");
```

它的执行结果是，变量 i 存放文件中的当前位置量；如调用函数出错，则输出 error。

8.6 检测函数

C 标准提供一些用于检查输入输出函数调用中是否出现错误的函数。

8.6.1 ferror 函数

在调用各种输入输出函数时，如果出现错误，除了函数返回值有所反映外，还可以用 ferror 函数检查。它的一般调用形式如下：

```
ferror(fp);
```

如果 ferror 返回值为 0，表示未出错；如果返回一个非零值，表示出错。应该注意，对同一个文件每一次调用输入输出函数，均产生一个新的 ferror 函数值，因此，应当在调用一个输入输出函数后立即检查 ferror 函数的值，否则信息会丢失。在执行 fopen 函数时，ferror 函数的初始值自动置为 0。

8.6.2 clearerr 函数

该函数的作用是使文件错误标志和文件结束标志置为 0。假设在调用一个输入输出函数时出现错误，ferror 函数值为一个非零值，在调用 clearerr(fp)后，ferror(fp)的值为 0。

只要出现错误标志，就一直保留，直到对同一文件调用 clearerr 函数或 rewind 函数，或任何其他输入输出函数。

8.7 文件输入输出小结

文件这一章的内容是很重要的，许多可供实际使用的 C 程序都包含文件。本节将以上介绍过的输入输出函数作一概括性的总结，以便查阅。表 8–2 列出常用的缓冲文件系统函数。

表 8–2　缓冲文件系统文件输入输出函数一览表

类　型	函数名称	功　能
文件打开	fopen()	打开或创建一个用户指定的文件
文件关闭	fclose()	关闭一个用户指定的文件
文件定位	fseek()	改变文件位置的指针位置
	rewind()	使文件位置指针重新置于文件开始处
	ftell()	返回文件位置指针的当前值
文件读写	fgetc(),getc()	从指定文件中取得一个字符
	fputc().putc()	把字符输出到指定的文件中
	fgets()	从指定文件中读取字符串
	fputs()	把字符串输出到指定的文件中

续表

类型	函数名称	功能
文件读写	getw()	从指定文件中读取一个字（int 型）
	putw()	把一个字（int 型）输出到指定的文件中
	fread()	从指定文件中读取数据项
	fwrite()	把数据项写到指定的文件中
	fscanf()	从指定的文件中按格式输入数据
	fprintf()	按指定格式将数据写到指定的文件中
文件状态	feof()	若到文件末尾，函数值为“真”（非 0）
	ferror()	若对文件操作出错，函数值为“真”（非 0）
	clearerr	使 ferror 和 feof 函数的值置为 0

8.8 习 题

1. 系统的标准输入文件是指______。

A. 键盘　　B. 显示器　　C. 软盘　　D. 硬盘

2. 若执行 fopen 函数时发生错误，则函数的返回值是______。

A. 地址值　　B. 0　　C. 1　　D. EOF

3. 已知函数的调用形式：

fread(buffer,size,count,fp);其中 buffer 代表的是______。

A. 一个整型变量，代表要读入的数据项总数

B. 一个文件指针，指向要读的文件

C. 一个指针，指向要读入数据的存放地址

D. 一个存储区，存放要读的数据项

4. 利用 fseek 函数可实现的操作是______。

A. 改变文件的位置指针　　B. 文件的顺序读写

C. 文件的随机读写　　D. 以上答案均正确

5. 函数 ftell(fp)的作用是______。

A. 得到流式文件中的当前位置　　B. 移动流式文件的位置指针

C. 初始化流式文件的位置指针　　D. 以上答案均正确

6. 在 C 程序中，文件可以用__________方式存取，也可以用__________方式存取。

7. 在 C 程序中，数据可以用__________和__________两种代码形式存放。

8. feof(fp)函数用来判断文件是否结束，如果遇到文件结束，函数值为__________，否则为__________。

9. 设有以下结构体类型：

```
    struct st
{char name[8];
 int num;
 float s[4];
}student[50];
```

并且结构体数组 student 中的元素都已有值，若要将这些元素写到硬盘文件 fp 中，请

将以下 fwrite 语句补充完整。

```
fwrite(student,【】,1,fp);
```

10. 下面程序由终端键盘输入字符，存放到文件中，用!结束输入。请在【】处填入适当内容。

```
#include <stdio.h>
main()
{FILE *fp;
 char ch,fname[10];
 printf("Input name of file\n");
 gets(fname);
 if((fp=fopen(fname,"w"))==NULL)
 {printf("cannot open\n");
  exit(0);}
 printf("Enter data:\n");
 while(【1】!='!') fputc(【2】);
 fclose(fp);
}
```

11. 以下程序的功能是输入 4 名学生的姓名、学号、年龄及住址并存入磁盘文件。请在【】处填入适当内容。

```
#include <stdio.h>
#define SIZE 4
struct student_type
{
 char name[10];
 int num;
 int age;
 char addr[15];
}stud[SIZE];
void save()
{FILE *fp;
 int i;
 if((fp==fopen("stu_list","wb"))==NULL)
 {printf("cannot open file\n");
  return;
 }
for(i=0;i<SIZE;i++)
     if(fwrite(【1】)!=1)
        printf("file write error\n");
}
main()
{int i;
 for(i=0;i<SIZE;i++)
 scanf("%s,%d,%d,%s",stud[i].name,【2】,【3】,stud[i].addr);
 save();
}
```

第 9 章　C 程序综合实训

学习语言是为了使用，本章将结合几个典型的实例综合前面所学的C语言的内容，以培养实际应用能力。

9.1　简单应用程序

1. 验证歌德巴赫猜想

验证：2 000 以内的正偶数都能够分解为两个素数之和（即验证歌德巴赫猜想对 2 000 以内的正偶数成立）。

（1）程序分析：为了验证歌德巴赫猜想对 2 000 以内的正偶数都是成立的，要将整数分解为两部分，然后判断分解出的两个整数是否均为素数。若是，则满足题意，否则重新进行分解和判断。

程序中对判断整数是否为素数的算法为从 2 开始判断到该整数的平方根，如果都不能整除，则说明该数是素数。

（2）程序源代码。

```
#include<stdio.h>
#include<math.h>
int fflag(int n);
void main()
{
int i,n;
    for(i=4;i<=2000;i+=2)
    {
    for(n=2;n<i;n++)        /*将偶数 i 分解为两个整数*/
      if(fflag(n))          /*分别判断两个整数是否均为素数*/
        if(fflag(i-n))
        {
          printf("%14d=%d+%d\n",i,n,i-n);   /*若均是素数则输出*/
          break;
        }
       if(n==i)  printf("error %d\n",i);
    }
}
int fflag(int i)            /*判断是否为素数*/
{
    int j;
    if(i<=1)return 0;
```

```
    if(i==2)return 1;
    if(!(i%2))return 0;          /*if no,return 0*/
    for(j=3;j<=(int)(sqrt((double)i)+1);j+=2)
        if(!(i%j))return 0;
    return 1;                    /*if yes,return 1*/
}
```

2. 一个具体例子

某个公司采用公用电话传递数据，数据是四位的整数，在传递过程中是加密的，加密规则如下：每位数字都加上 5，然后用和除以 10 的余数代替该数字，再将第一位和第四位交换，第二位和第三位交换。

（1）程序分析：根据加密规则，对输入的四位数都要进行逐位的转换，可采用数组分别存放给定数据的每一位，然后进行转换。

（2）程序源代码：

```
main()
{
int a,i,aa[4],t;
scanf("%d",&a);
aa[0]=a%10;
aa[1]=a%100/10;
aa[2]=a%1000/100;
aa[3]=a/1000;
for(i=0;i<=3;i++)
        {
aa[i]+=5;
            aa[i]%=10;
        }
for(i=0;i<=3/2;i++)
   {
t=aa[i];
  aa[i]=aa[3-i];
  aa[3-i]=t;
  }
for(i=3;i>=0;i--)
printf("%d",aa[i]);
}
```

3. 约瑟夫问题

这是 17 世纪的法国数学家加斯帕在《数目的游戏问题》中讲的一个故事：15 个教徒和 15 个非教徒在深海上遇险，必须将一半的人投入海中，其余的人才能幸免于难，于是想了一个办法：30 个人围成一圆圈，从第一个人开始依次报数，每数到第九个人就将他扔入大海，如此循环进行直到仅余 15 个人为止。问怎样排法，才能使每次投入大海的都是非教徒。

约瑟夫问题并不难，求解的方法很多，题目的变化形式也很多。这里给出一种使用链表实现的方法。

题目中 30 个人围成一圈，因而启发我们用一个循环的链来表示。可以使用结构数组来构成一个循环链。结构中有两个成员，其一为指向下一个人的指针，以构成环形的链；其二为该人是否被扔下海的标记，为 1 表示还在船上。从第一个人开始对还未扔下海的人进行计数，每数到 9 时，将结构中的标记改为 0，表示该人已被扔下海了。这样循环计数直到有 15 个人被扔下海为止。

程序实现如下：

```
#include<stdio.h>
struct node
{
int nextp;                    /*指向下一个人的指针(下一个人的数组下标)*/
   int no_out;                /*是否被扔下海的标记。1：没有被扔下海。0：已被扔下海*/
     }link[31];               /*30 个人，0 号元素没有使用*/
    void main()
{
int i,j,k;
printf("The original circle is(+:pagendom,@:christian):\n");
    for(i=1;i<=30;i++)          /*初始化结构数组*/
    {
    link[i].nextp=i+1;          /*指针指向下一个人(数组元素下标)*/
    link[i].no_out=1;           /*标志置为 1，表示人都在船上*/
    }
link[30].nextp=1;               /*第 30 个人的指针指向第一个人以构成环*/
j=30;      /*j:指向已经处理完毕的数组元素，从 link[i]指向的人开始计数*/
for(i=0;i<15;i++)               /*i:已扔下海的人数计数器*/
    {
       for(k=0;;)               /*k:决定哪个人被扔下海的计数器*/
            if(k<15)
            {
             j=link[j].nextp;           /*修改指针，取下一个人*/
               k+=link[j].no_out;/*进行计数。因已扔下海的人标记为 0*/
            }
          else break;              /*计数到 15 则停止计数*/
        link[j].no_out=0;          /*将标记置 0，表示该人已被扔下海*/
    }
    for(i=1;i<=30;i++)             /*输出结果*/
      printf("%c",link[i].no_out? '@':'+'); /*+:被扔下海， @: 在船上*/
    printf("\n");
}
```

运行结果：

```
The original circle is(+:pagandom, @:christian):
+++@@+@+@@@+@+++@@+@@@+++@+@@+
(+"表示被扔下海的非教徒        @: 留在船上活命的教徒)
```

9.2 一般应用程序

1. 编写一个袖珍计算器

```
#include<stdio.h>
```

```
void main()
{
    float x,y;
    char operate1;
    printf("Arithmetic expression\n");
    scanf("%f",&x);
    while((operate1=getchar())!='=')
    {
      printf("result=");
      scanf("%f",&y);
      switch(operate1)
      {
      case '+':
            x+=y;               /*计算加法*/
            break;
      case '-':
            x-=y;               /*计算减法*/
            break;
      case '*':
            x*=y;               /*计算乘法*/
            break;
      case '/':
            x/=y;               /*计算除法*/
            break;
      }
    }
   printf("%f",x);
return;
}
```

2. 奇偶数问题

编写一个函数，输入 n 为偶数时，调用函数求 1/2+1/4+…+1/n，当输入 n 为奇数时，调用函数 1/1+1/3+…+1/n(利用指针函数)。

```
#include  〈stdio.h〉
main()
{
float peven(),podd(),dcall();
float sum;
int n;
while (1)
{
  scanf("%d",&n);
  if(n>1)
break;
}
if(n%2==0)
{
```

```
  printf("Even=");
  sum=dcall(peven,n);
}
else
{
  printf("Odd=");
  sum=dcall(podd,n);
}
printf("%f",sum);
}
float peven(int n)
{
float s;
int i;
s=1;
for(i=2;i<=n;i+=2)
  s+=1/(float)i;
return(s);
}
float podd(int  n)
{
float s;
int i;
s=0;
for(i=1;i<=n;i+=2)
  s+=1/(float)i;
return(s);
}
float dcall(fp,n)
float (*fp)();
int n;
{float s;
s=(*fp)(n);
return(s);
}
```

3. 实现文件复制

```
#include<stdio.h>
#include<stdlib.h>
void main(int argc,char *argv[])
{
FILE *in,*out;
    if(argc!=3){
        printf("\n Usage: Hcopy sourcefile targetfile.\n");
        exit(1);
    }
    if((in=fopen(argv[1],"rb"))==NULL){
```

```
        printf("\n Cannot open the source file.\n");
        exit(2);
    }
    if((out=fopen(argv[2],"wb"))==NULL){
        printf("\n Cannot open the targetfile.\n");
        exit(3);
    }
    /* start copy */
    while(!feof(in))
      putc(getc(in),out);
    fclose(in);
    fclose(out);
}
```

4. 题目：Press any key to change color。

程序源代码：

```
#include <conio.h>
void main(void)
{
int color;
for (color = 0; color < 8; color++)
   {
   textbackground(color);                              /*设置文本的背景颜色*/
   cprintf("This is color %d\r\n", color);
   cprintf("Press any key to continue\r\n");
   getch();                                            /*输入字符看不见*/
   }
}
```

5. 比赛名单问题

两个乒乓球队进行比赛，各出 3 人。甲队为 a，b，c 三人，乙队为 x，y，z 三人。已抽签决定比赛名单。有人向队员打听比赛的名单，a 说他不和 x 比，c 说他不和 x，z 比，请编程序找出 3 对赛手的名单。

程序源代码：

```
main()
{
char i,j,k;                          /*i 是 a 的对手，j 是 b 的对手，k 是 c 的对手*/
for(i='x';i<='z';i++)
    for(j='x';j<='z';j++)
    {
    if(i!=j)
for(k='x';k<='z';k++)
     if(i!=k&&j!=k)
         if(i!='x'&&k!='x'&&k!='z')
         printf("order is a--%c\tb--%c\tc--%c\n",i,j,k);
}
}
```

6. 打印出如下图案:

```
*
***
******
********
******
***
*
```

(1)程序分析：先把图形分成两部分来看待，前4行一个规律，后3行一个规律，利用双重for循环，第一层控制行，第二层控制列。

(2)程序源代码:

```
main()
{
int i,j,k;
for(i=0;i<=3;i++)
  {
  for(j=0;j<=2-i;j++)
printf(" ");
  for(k=0;k<=2*i;k++)
     printf("*");
  printf("\n");
  }
for(i=0;i<=2;i++)
{
    for(j=0;j<=i;j++)
       printf(" ");
    for(k=0;k<=4-2*i;k++)
       printf("*");
  printf("\n");
  }
}
```

7. 年月日问题

输入某年某月某日，判断这一天是这一年的第几天?

(1)程序分析：以3月5日为例，应该先把前两个月的加起来，然后再加上5天即本年的第几天，特殊情况，闰年且输入月份大于3时需考虑多加一天。

(2)程序源代码:

```
main()
{
int day,month,year,sum,leap;
printf("\nplease input year,month,day\n");
scanf("%d,%d,%d",&year,&month,&day);
switch(month)                                    /*先计算某月以前月份的总天数*/
{
   case 1:sum=0;break;
case 2:sum=31;break;
case 3:sum=59;break;
```

```
  case 4:sum=90;break;
  case 5:sum=120;break;
  case 6:sum=151;break;
  case 7:sum=181;break;
  case 8:sum=212;break;
  case 9:sum=243;break;
  case 10:sum=273;break;
  case 11:sum=304;break;
  case 12:sum=334;break;
  default:printf("data error");break;
    }
    sum=sum+day;                                    /*再加上某天的天数*/
      if(year%400==0||(year%4==0&&year%100!=0))/*判断是不是闰年*/
    leap=1;
        else
           leap=0;
    if(leap==1&&month>2)                           /*如果是闰年且月份大于 2,
                                                     总天数应该加一天*/
    sum++;
    printf("It is the %dth day.",sum);
    }
```

9.3　C 语言课程设计

9.3.1　目的要求

课程设计为学生提供了一个既动手又动脑，独立实践的机会，将课本上的理论知识和实际有机的结合起来，锻炼学生的分析、解决实际问题的能力。提高学生适应实际，实践编程的能力。

9.3.2　实训时间

实训时间根据题目的难易可以有不同的期限，一般时间比例分成 4 块，分配如下：

（1）分析设计准备阶段（40%）；

（2）编程调试阶段（40%）；

（3）总结报告和书写说明书阶段（10%）；

（4）考核阶段（10%）。

9.3.3　实训内容

利用学到的编程知识和编程技巧，通过参考一定的书籍文献，完成有一定难度的程序设计题目，可以包括一些图形处理及多媒体方面的内容。一些参考题目在下面给出。

9.3.4　参考题目

（1）用 TC 编写俄罗斯方块游戏。

（2）设计一个模拟时钟转动的程序。

（3）学生成绩管理系统：要求有多个学生、多门课程，可以求全班单科的平均分，某个人的多门课的平均分。

9.3.5 考核标准

通过设计答辩方式，并结合学生的动手能力，独立分析、解决问题的能力和创新精神，总结报告和答辩水平及学习态度综合考评。成绩分优、良、中、及格和不及格五等。

附录A 信息处理流程图形符号

名称	图形符号	名称	图形符号
处理框		菱形框（分支）	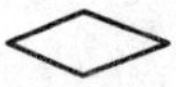
准备框		既定处理框	
人工操作框（任一脱机的人工操作）		辅助操作框（不直接受 CPU 控制的）	
合并框（将 2 个或 2 个以上记录合并成一个记录集）		抽取框(同一个记录集中抽出一个或多个指定的记录）	
分类框（表示一个记录集按某种特定的顺序进行排列）		人工输入框（如使用联机键盘、开关、按钮等人工输入信息）	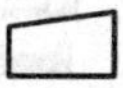
输入/输出框		联机存储框（以磁带、磁盘等输入/输出）	
文件框（以文件方式进行输入/输出）		卡片框	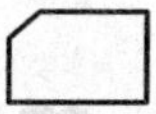
磁带框		磁鼓框	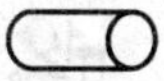
磁盘框		显示框（表示输入/输出显示器、打印机、绘图仪等）	
流线		并行方式(2 个或 2 个以上操作同时开始或结束）	
通信连接框（用通信线路进行传输）		连接框(转向流程图他处或由流程图他处转入）	
端点、中断框（起始、结束、暂停、延迟、中断等）		注解框(该符号范围内所加的内容表示注解）	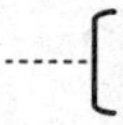

附录B　ASCII码表

ASCII 值	字符	控制字符	ASCII 值	字符	控制字符	ASCII 值	字符	ASCII 值	字符	ASCII 值	字符	ASCII 值	字符	ASCII 值	字符	ASCII 值	字符
000	(null)	NULL	017	◄	DC1	034	″	051	3	068	D	085	U	102	f	119	w
001	☺	SOH	018	↕	DC2	035	#	052	4	069	E	086	V	103	g	120	x
002	●	STX	019	‼	DC3	036	$	053	5	070	F	087	W	104	h	121	y
003	♥	ETX	020	¶	DC4	037	%	054	6	071	G	088	X	105	i	122	z
004	♦	EOT	021	§	NAK	038	&	055	7	072	H	089	Y	106	j	123	{
005	♣	END	022	_	SYN	039	′	056	8	073	I	090	Z	107	k	124	¦
006	♠	ACK	023	↨	ETB	040	(	057	9	074	J	091	[	108	l	125	}
007	(beep)	BEL	024	↑	CAN	041	)	058	:	075	K	092	\	109	m	126	~
008	◘	BS	025	↓	EM	042	*	059	;	076	L	093	]	110	n	127	⌂
009	(tab)	HT	026	→	SUB	043	+	060	<	077	M	094	^	111	o	128	Ç
010	(line feed)	LF	027	←	ESC	044	,	061	=	078	N	095	–	112	p	129	ü
011	(home)	VT	028	∟	FS	045	–	062	>	079	O	096	,	113	q	130	é
012	(form feed)	FF	029	◆	GS	046	。	063	?	080	P	097	a	114	r	131	à
013	(carriage return)	CR	030	▲	RS	047	/	064	@	081	Q	098	b	115	s	132	ä
014	♫	SO	031	▼	US	048	0	065	A	082	R	099	c	116	t	133	à
015	☼	SI	032	(space)		049	1	066	B	083	S	100	d	117	u	134	à
016	►	DLE	033	!		050	2	067	C	084	T	101	e	118	v	135	ç

续表

ASCII 值	字符	ASCII 值	字符	ASCII 值	字符	ASCII 值	字符	ASCII 值	字符	ASCII 值	字符	ASCII 值	字符	ASCII 值	字符
136	ê	153	ö	170	¬	187	╗	204	╠	221	▌	238	∈	255（blank ‘FF’）	
137	ë	154	Ü	171	1/2	188	╝	205	═	222	▐	239	∩		
138	è	155	¢	172	1/4	189	╜	206	╬	223	▀	240	≡		
139	Ï	156	£	173	i	190	╛	207	╧	224	α	241	±		
140	î	157	¥	174	≪	191	┐	208	╨	225	β	242	≥		
141	ï	158	Pt	175	≫	192	└	209	╤	226	Γ	243	≤		
142	Ä	159	ƒ	176	░	193	┴	210	╥	227	π	244	⌠		
143	Å	160	á	177	▒	194	┬	211	╙	228	Σ	245	⌡		
144	É	161	í	178	▓	195	├	212	╘	229	σ	246	÷		
145	æ	162	ó	179	│	196	─	213	╒	230	μ	247	≈		
146	ÀE	163	ú	180	┤	197	┼	214	╓	231	τ	248	°		
147	ô	164	ñ	181	╡	198	╞	215	╫	232	Φ	249	•		
148	ō	165	Ñ	182	╢	199	╟	216	╪	233	θ	250	·		
149	ò	166	ª	183	╖	200	╚	217	┘	234	Ω	251	√		
150	û	167	º	184	╕	201	╔	218	┌	235	δ	252	Π		
151	ù	168	¿	185	╣	202	╩	219	█	236	∞	253	Z		
152	ÿ	169	⌐	186	║	203	╦	220	▄	237	∮	254	■		

附录C　C语言中的关键字

auto	break	case	char
const	continue	default	do
double	else	enum	extern
float	for	goto	if
int	long	register	return
short	signed	sizeof	static
struct	switch	typedef	union
unsigned	void	volatile	while

附录D 运算符和结合性

<table>
<tr><th>优先级</th><th>运算对象个数</th><th>运算符</th><th>名称</th><th>结合方向</th></tr>
<tr><td>1</td><td>·</td><td>()
[]
→
.</td><td>圆括号
下标
指向结构体成员
结构体成员</td><td>自左至右</td></tr>
<tr><td>2</td><td>单目</td><td>!
~
++
--
-
(类型)
*
&
sizeof</td><td>逻辑非
按位取反
自增
自减
负号
强制类型转换
指针
取地址
求长度</td><td>自右至左</td></tr>
<tr><td>3</td><td>双目</td><td>*
/
%</td><td>乘
除
取余</td><td>自左至右</td></tr>
<tr><td>4</td><td>双目</td><td>+
-</td><td>加
减</td><td>自左至右</td></tr>
<tr><td>5</td><td>双目</td><td><<
>></td><td>左移
右移</td><td>自左至右</td></tr>
<tr><td>6</td><td>双目</td><td>>
>=
<
<=</td><td>大于
大于等于
小于
小于等于</td><td>自左至右</td></tr>
<tr><td>7</td><td>双目</td><td>==
!=</td><td>等于
不等于</td><td>自左至右</td></tr>
<tr><td>8</td><td>双目</td><td>&</td><td>按位与</td><td>自左至右</td></tr>
<tr><td>9</td><td>双目</td><td>^</td><td>按位异或</td><td>自左至右</td></tr>
<tr><td>10</td><td>双目</td><td>|</td><td>按位或</td><td>自左至右</td></tr>
<tr><td>11</td><td>双目</td><td>&&</td><td>逻辑与</td><td>自左至右</td></tr>
<tr><td>12</td><td>双目</td><td>‖</td><td>逻辑或</td><td>自左至右</td></tr>
<tr><td>13</td><td>三目</td><td>? :</td><td>条件</td><td>自右至左</td></tr>
<tr><td>优先级</td><td>运算对象个数</td><td>运算符</td><td>名称</td><td>结合方向</td></tr>
<tr><td>14</td><td>双目</td><td>= += -=
*= /= %=
<<= >>=
&= ^= |=</td><td>赋值</td><td>自右至左</td></tr>
<tr><td>15</td><td></td><td>,</td><td>逗号</td><td>自左至右</td></tr>
</table>

附录 E　常用库函数

库函数并不是 C 语言的一部分，它是由人们根据需要编制并提供用户使用的。每一种 C 编译系统都提供了一批库函数，不同的编译系统所提供的库函数的数目和函数名及函数功能是不完全相同的。ANSI C 标准提出了一批建议提供的标准库函数，它包括了目前多数 C 编译系统所提供的库函数，但也有一些是某些 C 编译系统未曾实现的。考虑到通用性，本书列出 ANSI C 标准建议提供的、常用的部分库函数。对大多数 C 编译系统，可以使用这些函数的绝大部分。由于 C 库函数的种类和数目很多，本附录仅从教学需要的角度列出最基本的一些函数。如果在编程时要用到更多的函数，或者阅读代码时所遇到的库函数，可以查阅相关手册或者通过网络进行查阅，网络上有比较丰富的资源。

1. 输入输出函数

凡用以下的输入输出函数，应该使用#include<stdio.h>把 stdio.h 头文件包含到源程序文件中，有关内容详见表 E–1 所示。

表 E–1　输入输出函数

函数名	函数原型	功能	返回值
clearerr	void clearerr(FILE *fp);	清除文件指针错误	无
fclose	int fclose(FILE *fp)	关闭 fp 所指的文件，释放文件缓冲区	有错返回非 0 值 否则返回 0
feof	int feof(FILE *fp);	检查文件是否结束	遇文件结束符返回非 0 值，否则返回 0
fgetc	int fgetc(FILE *fp);	从 fp 所指定的文件中取得下一个字符	返回所得到的字符，若读入出错，返回 EOF
fgets	char *fgets(char *buf, int n,FILE *fp);	从 fp 指向的文件读取一个长度为(n–1)的字符串，存入起始地址为 buf 的空间	返回地址 buf，若遇文件结束或出错，则返回 NULL
fopen	FILE *fopen(char *filename, char *mode);	以 mode 指定的方式打开名为 filename 的文件	成功，返回一个文件指针（文件信息区的起始地址），否则返回 0
fprintf	int fprintf(FILE *fp, char *format,args,…);	把 args 的值以 format 指定的格式输出到 fp 所指定的文件中	实际输出的字符数
fputc	int fputc(char ch,FILE *fp);	将字符 ch 输出到 fp 指向的文件中	成功，则返回该字符；否则返回 0
fputs	int fputs(char *str,FILE *fp);	将 str 指向的字符串输出到 fp 所指定的文件中	返回 0；若出错返回非 0 值
fread	int fread(char *pt, unsined size,unsigned n, FILE *fp);	从 fp 所指定的文件中读取长度为 size 的 n 个数据项，存到 pt 所指向的内存区	返回所读的数据项个数，如遇文件结束或出错返回 0
fscanf	int fscanf(FILE *fp, char format,args, …);	从 fp 指定的文件中按 format 给定的格式将输入数据送到 args 所指向的内存单元（args 是指针）	已输入的数据个数
fseek	int fseek(FILE *fp, long offset,int base);	将 fp 所指向的文件的位置指针移到以 base 所指出的位置为基准、以 offset 为位移量的位置	返回当前位置；否则返回–1

续表

函数名	函 数 原 型	功 能	返回值
ftell	long ftell(FILE *fp);	返回fp所指向的文件中的读写位置	返回 fp 所指向的文件中的读写位置
fwrite	int fwrite(char *ptr,unsigned size,unsigned n,FILE *fp);	把 ptr 所指向的 n*size 个字节输出到 fp 所指向的文件中	写到 fp 文件中的数据项的个数
getc	int getc(FILE *fp);	从fp所指向的文件中读入一个字符	返回所读的字符，若文件结束或出错，返回 EOF
getchar	int getchar(void)	从标准输入设备读取下一个字符	所读字符。若文件结束或出错，则返回–1
printf	int printf(char *format, args, …);	按 format 指向的格式字符串所规定的格式，将输出表列 args 的值输出到标准输出设备	输出字符的个数，若出错则返回负数
putc	int putc(int ch,FILE *fp);	把一个字符 ch 输出到标准输出设备	输出的字符 ch，若出错则返回 EOF
putchar	int putchar(char ch);	把字符 ch 输出到标准输出设备	输出的字符 ch，若出错则返回 EOF
puts	int puts(char *str)	把 str 指向的字符串输出到标准输出设备，将'\0'转换为回车换行	返回换行符。若失败则返回 EOF
rename	int rename(char *oldname, char *newname);	把由 oldname 所指的文件名，改为由 newname 所指的文件名	成功返回 0，出错返回–1
rewind	void rewind(FILE *fp);	将 fp 指示的文件中的位置指针置于文件开头位置，并清除文件结束标志和错误标志	无
scanf	int scanf(char *format, args, …);	从标准输入设备按 format 指向的格式字符串所规定的格式，输入数据给 args 所指向的单元	读入并赋给 args 的数据个数，遇文件结束返回 EOF，出错则返回 0

2. 数学函数

详见表 E–2，使用数学函数时，应该在该源文件中使用以下命令行：

`#include<math.h>`或`#include "math.h"`

表 E–2　数学函数

函数名	函 数 原 型	功 能	返回值
abs	int abs(int x)	求整数 x 的绝对值	计算结果
acos	double acos(double x);	计算 arccosx 的值	计算结果
asin	double asin(double x);	计算 arcsinx 的值	计算结果
atan	double atan(double x);	计算 arctanx 的值	计算结果
atan2	double atan2(double x,double y);	计算 arctan(x/y)的值	计算结果
cos	double cos(double x);	计算 cosx 的值	计算结果
cosh	double cosh(double x);	计算 x 的双曲余弦 coshx 的值	计算结果
exp	double exp(double x);	求 e^x 的值	计算结果
fabs	double fabs(double x);	求 x 的绝对值	计算结果
floor	double floor(double x);	求出不大于 x 的最大整数	该整数的双精度实数
fmod	double fmod(double x,double y);	求整除 x/y 的余数	返回余数的双精度数
frexp	double frexp(double val, int *eptr);	把双精度数 val 分解为数字部分（尾数）x 和以 2 为底的指数 n，n 存放在 eptr 指向的变量中	返回数字部分 x $0.5\leqslant x<1$

续表

函数名	函 数 原 型	功 能	返回值
log	double log(double x);	求 $log_e x$，即 lnx	计算结果
log10	double log10(double x);	求 $log_{10} x$	计算结果
modf	double modf(double val,double *iptr);	把双精度数 val 分解为整数部分和小数部分，把整数部分存到 iptr 指向的单元	val 的小数部分
pow	double pow(double x,double y);	计算 x^y 的值	计算结果
rand	int rand(void);	产生–90～32 767 间的随机整数	随机整数
sin	double sin(double x);	计算 sinx 的值	计算结果
sinh	double sinh(double x);	计算 x 的双曲正弦函数 sinhx 的值	计算结果
sqrt	double sqrt(double x);	计算 $\sqrt{x}$	计算结果
tan	double tan(double x);	计算 tanx 的值	计算结果
tanh	double tanh(double x);	计算 x 的双曲正切函数 tanhx 的值	计算结果

3. 字符函数和字符串函数

ANSI C 标准要求在使用字符串函数时要包含头文件“string.h”，在使用字符函数时要包含头文件“ctype.h”，有关内容详见表 E–3 所示。

表 E–3 字符函数和字符串函数

函数名	函 数 原 型	功 能	返回值	包含文件
isalnum	int isalnum(int ch);	检查 ch 是否是字母(alpha)或数字(numeric)	是字母或数字返回 1；否则返回 0	ctype.h
isalpha	int isalpha(int ch);	检查 ch 是否字母	是，返回 1；不是则返回 0	ctype.h
iscntrl	int iscntrl(int ch);	检查 ch 是否控制字符（其 ASCII 码在 0～0x1F 之间）	是，返回 1；不是，返回 0	ctype.h
isdigit	int isdigit(int ch);	检查 ch 是否数字	是，返回 1；不是，返回 0	ctype.h
isgraph	int isgraph(int ch);	检查 ch 是否可打印字符（其 ASCII 码在 0x21～0x7E 之间），不包括空格	是，返回 1；不是，返回 0	ctype.h
islower	int islower(int ch);	检查 ch 是否小写字母	是，返回 1；不是，返回 0	ctype.h
isprint	int isprint(int ch);	检查 ch 是否可打印字符（包括空格），其 ASCII 码在 0x20～0x7E 之间	是，返回 1；不是，返回 0	ctype.h
ispunct	int ispunct(int ch);	检查 ch 是否标点字符（不包括空格），即除字母、数字和空格以外的所有可打印字符	是，返回 1；不是，返回 0	ctype.h
isspace	int isspace(int ch);	检查 ch 是否空格、跳格符（制表符）或换行符	是，返回 1；不是，返回 0	ctype.h
isupper	int isupper(int ch);	检查 ch 是否大写字母	是，返回 1；不是，返回 0	ctype.h
isxdigit	int isxdigit(int ch);	检查 ch 是否一个十六进制数学字符（即 0～9,或 A～F,或 a～f）	是，返回 1；不是，返回 0	ctype.h
strcat	char *strcat(char *str1, char *str2);	把字符串 str2 接到 str1 后面，str1 最后面的'\0'被取消	str1	string.h

续表

函数名	函 数 原 型	功 能	返回值	包含文件
strchr	char *strchr(char *str, int ch);str;	找出 str 指向的字符串中第 1 次出现字符 ch 的位置	返回指向该位置的指针，如找不到，则返回空指针	string.h
strcmp	int strcmp(char *str1, char *str2);	比较两个字符串 str1、str2	str1<str2,返回负数 str1=str2,返回 0 str1>str2,返回正数	string.h
strcpy	char *strcpy(char *str1, char *str2);	把 str2 指向的字符串复制到 str1 中去	返回 str1	string.h
strlen	unsigned int strlen (char *str)	统计字符串 str 中字符的个数（不包括终止符'\0'）	返回字符个数	string.h
strstr	char *strstr(char *str1, char *str2);	找出str2 字符串在str1 字符串中第一次出现的位置（不包括 str2 的串结束符）	返回该位置的指针，如找不到，返回空指针	string.h
tolower	int tolower(int ch);	ch 字符转换为小写字母	返回 ch 所代表的字符的小写字母	ctype.h
toupper	int toupper(int ch);	将 ch 字符转换成大写字母	与 ch 相应的大写字母	

4. *动态存储分配函数*

ANSI C 标准建议设 4 个有关的动态存储分配的函数，即 calloc()，malloc()，free()，realloc()，有关内容详见表 E–4 所示。实际上，许多 C 编译系统实现时，往往增加一些其他函数。ANSI C 标准建议在"stdlib.h"头文件中包含有关的信息，但许多 C 编译要求用"malloc.h"而不是"stdlib.h"。

ANSI C 标准要求动态分配系统返回 void 指针。void 指针具有一般性，它们可以指向任何类型的数据。但目前的 C 编译所提供的这类函数返回 char 指针，无论以上两种情况的哪一种，都需要用强制类型转换的方法把 void 或 char 指针转换成所需的类型。

表 E–4　动态存储分配函数

函数名	函数和形参类型	功 能	返回值
calloc	void *calloc(unsigned n, unsign size);	先分配 n 个数据项的内存连续空间，每个数据项的大小为 size	分配内存单元的起始地址，如不成功，返回 0
free	void free(void *p);	释放 p 所指的内存区	无
malloc	void *malloc(unsigned size);	分配 size 字节的存储区	所分配的内存区地址，如内存不够，返回 0
realloc	void *realloc(void *p, unsigned size);	将 p 所指出的已分配内存区的大小改为 size。size 可以比原来分配的空间大或小	返回指向该内存区的指针

附录F　Turbo C 2.0常用错误提示解释

Turbo C 的源程序错误分为3种类型：致命错误、一般错误和警告。其中，致命错误通常是内部编译出错；一般错误指程序的语法错误，磁盘或内存存取错误或命令行错误等；警告则只是指出一些值得怀疑的情况，它并不防止编译的进行。

下面按字母顺序A～Z分别列出致命错误、一般错误信息，以及英汉对照和处理方法。

F1. 致命错误英汉对照及处理方法

Bad call of in-line function（内部函数非法调用）：

分析与处理：在使用一个宏定义的内部函数时，没能正确调用。一个内部函数以两个括号和下划线（__）开始和结束。

Irreducable expression tree（不可约表达式树）：

分析与处理：这种错误指的是文件行中的表达式太复杂，使得代码生成程序无法为它生成代码。这种表达式必须避免使用。

Register allocation failure（存储器分配失败）：

分析与处理：这种错误指的是文件行中的表达式太复杂，代码生成程序无法为它生成代码。此时应简化这种繁杂的表达式或干脆避免使用它。

F2. 一般错误信息英汉对照及处理方法

#operator not followed by maco argument name（#运算符后没跟宏变元名）：

分析与处理：在宏定义中，#用于标识一宏变串。"#"号后必须跟一个宏变元名。

'xxxxxx' not anargument（'xxxxxx'不是函数参数）：

分析与处理：在源程序中将该标识符定义为一个函数参数，但此标识符没有在函数中出现。

Ambiguous symbol 'xxxxxx'（二义性符号'xxxxxx'）：

分析与处理：两个或多个结构的某一域名相同，但具有的偏移、类型不同。在变量或表达式中引用该域而未带结构名时，会产生二义性，此时需修改某个域名或在引用时加上结构名。

Argument # missing name（参数#名丢失）：

分析与处理：参数名已脱离用于定义函数的函数原型。如果函数以原型定义，该函数必须包含所有的参数名。

Argument list syntax error（参数表出现语法错误）：

分析与处理：函数调用的参数间必须以逗号隔开，并以一个右括号结束。若源文件中含有一个其后不是逗号也不是右括号的参数，则出错。

Array bounds missing（数组的界限符"]"丢失）：

分析与处理：在源文件中定义了一个数组，但此数组没有以右方括号结束。

Array size too large（数组太大）：

分析与处理：定义的数组太大，超过了可用内存空间。

Assembler statement too long（汇编语句太长）：

分析与处理：内部汇编语句最长不能超过 480 个字节。

Bad configuration file（配置文件不正确）：

分析与处理：TURBOC.CFG 配置文件中包含的不是合适命令行选择项的非注解文字。配置文件命令选择项必须以一个短横线开始。

Bad file name format in include directive（包含指令中文件名格式不正确）：

分析与处理：包含文件名必须用引号"filename.h"或尖括号<filename>括起来，否则将产生本类错误。如果使用了宏，则产生的扩展文本也不正确，因为无引号没办法识别。

Bad ifdef directive syntax（ifdef 指令语法错误）：

分析与处理：#ifdef 必须以单个标识符（只此一个）作为该指令的体。

Bad ifndef directive syntax（ifndef 指令语法错误）：

分析与处理：#ifndef 必须以单个标识符（只此一个）作为该指令的体。

Bad undef directive syntax（undef 指令语法错误）：

分析与处理：#undef 指令必须以单个标识符（只此一个）作为该指令的体。

Bad file size syntax（位字段长语法错误）：

分析与处理：一个位字段长必须是 1～16 位的常量表达式。

Call of non-functin（调用未定义函数）：

分析与处理：正被调用的函数无定义，通常是由于不正确的函数声明或函数名拼错而造成的。

Cannot modify a const object（不能修改一个常量对象）：

分析与处理：对定义为常量的对象进行不合法操作（如常量赋值）引起本错误。

Case outside of switch（Case 出现在 switch 外）：

分析与处理：编译程序发现 Case 语句出现在 switch 语句之外，这类故障通常是由于括号不匹配造成的。

Case statement missing（Case 语句漏掉）：

分析与处理：Case 语必须包含一个以冒号结束的常量表达式，如果漏了冒号或在冒号前多了其他符号，则会出现此类错误。

Character constant too long（字符常量太长）：

分析与处理：字符常量的长度通常只能是一个或两个字符长，超过此长度则会出现这种错误。

Compound statement missing（漏掉复合语句）：

分析与处理：编译程序扫描到源文件未时，未发现结束符号（大括号），此类故障通常是由于大括号不匹配所致。

Conflicting type modifiers（类型修饰符冲突）：

分析与处理：对同一指针，只能指定一种变址修饰符(如 near 或 far)；而对于同一函数，也只能给出一种语言修饰符（如 Cdecl、pascal 或 interrupt）。

Constant expression required（需要常量表达式）：

分析与处理：数组的大小必须是常量，本错误通常是由于#define 常量的拼写错误引起。

Could not find file 'xxxxxx.xxx'（找不到'xxxxxx.xx'文件）：

分析与处理：编译程序找不到命令行上给出的文件。

Declaration missing（漏掉了说明）：

分析与处理：当源文件中包含了一个 struct 或 union 域声明，而后面漏掉了分号，则会出现此类错误。

Declaration needs type or storage class（说明必须给出类型或存储类）：

分析与处理：正确的变量说明必须指出变量类型，否则会出现此类错误。

Declaration syntax error（说明出现语法错误）：

分析与处理：在源文件中，若某个说明丢失了某些符号或输入多余的符号，则会出现此类错误。

Default outside of switch（Default 语句在 switch 语句外出现）：

分析与处理：这类错误通常是由于括号不匹配引起的。

Define directive needs an identifier（Define 指令必须有一个标识符）：

分析与处理：#define 后面的第一个非空格符必须是一个标识符，若该位置出现其他字符，则会引起此类错误。

Division by zero（除数为零）：

分析与处理：当源文件的常量表达式出现除数为零的情况，则会造成此类错误。

Do statement must have while（do 语句中必须有 While 关键字）：

分析与处理：若源文件中包含了一个无 While 关键字的 do 语句，则出现本错误。

Do while statement missing （(Do while 语句中漏掉了符号“(”)：

分析与处理：在 do 语句中，若 while 关键字后无左括号，则出现本错误。

Do while statement missing;（Do while 语句中掉了分号）：

分析与处理：在 DO 语句的条件表达式中，若右括号后面无分号则出现此类错误。

Duplicate Case（Case 情况不唯一）：

分析与处理：Switch 语句的每个 case 必须有一个唯一的常量表达式值。否则导致此类错误发生。

Enum syntax error（Enum 语法错误）：

分析与处理：若 enum 说明的标识符表格式不对，将会引起此类错误发生。

Enumeration constant syntax error（枚举常量语法错误）：

分析与处理：若赋给 enum 类型变量的表达式值不为常量，则会导致此类错误发生。

Error Directive : xxxx（Error 指令：xxxx）：

分析与处理：源文件处理#error 指令时，显示该指令指出的信息。

Error Writing output file（写输出文件错误）：

分析与处理：这类错误通常是由于磁盘空间已满，无法进行写入操作而造成。

Expression syntax error（表达式语法错误）：

分析与处理：本错误通常是由于出现两个连续的操作符，括号不匹配或缺少括号，前一语句漏掉了分号引起的。

Extra parameter in call（调用时出现多余参数）：

分析与处理：本错误是由于调用函数时，其实际参数个数多于函数定义中的参数个数所致。

Extra parameter in call to xxxxxx（调用 xxxxxxxx 函数时出现了多余参数）

File name too long（文件名太长）：

分析与处理：#include 指令给出的文件名太长，致使编译程序无法处理，则会出现此类错误。通常 DOS 下的文件名长度不能超过 64 个字符。

For statement missing)（For 语名缺少“)”）：

分析与处理：在 for 语句中，如果控制表达式后缺少右括号，则会出现此类错误。

For statement missing（（For 语句缺少“(”）

分析与处理：在 for 语句中，如果控制表达式后缺少左括号，则会出现此类错误。

For statement missing;（For 语句缺少“;”）：

分析与处理：在 for 语句中，当某个表达式后缺少分号，则会出现此类错误。

Function call missing)（函数调用缺少“)”）：

分析与处理：如果函数调用的参数表漏掉了右括号或括号不匹配，则会出现此类错误。

Function definition out ofplace（函数定义位置错误）

Function doesn't take a variable number of argument（函数不接受可变的参数个数）

Goto statement missing label（Goto 语句缺少标号）

If statement missing（（If 语句缺少“(”）

If statement missing)（If 语句缺少“)”）

lllegal initalization（非法初始化）

lllegal octal digit（非法八进制数）：

分析与处理：此类错误通常是由于八进制常数中包含了非八进制数字所致。

lllegal pointer subtraction（非法指针相减）

lllegal structure operation（非法结构操作）

lllegal use of floating point（浮点运算非法）

lllegal use of pointer（指针使用非法）

Improper use of a typedef symbol（typedef 符号使用不当）

Incompatible storage class（不相容的存储类型）

Incompatible type conversion（不相容的类型转换）

Incorrect commadn line argument:xxxxxx（不正确的命令行参数：xxxxxxx）

Incorrect commadn file argument:xxxxxx（不正确的配置文件参数：xxxxxxx）

Incorrect number format（不正确的数据格式）

Incorrect use of default（default 不正确使用）

Initializer syntax error（初始化语法错误）

Invaild indrection（无效的间接运算）

Invalid macro argument separator（无效的宏参数分隔符）

Invalid pointer addition（无效的指针相加）

Invalid use of dot（点使用错误）

Macro argument syntax error（宏参数语法错误）

Macro expansion too long（宏扩展太长）

Mismatch number of parameters in definition（定义中参数个数不匹配）

Misplaced break（break 位置错误）

Misplaced continue（位置错）

Misplaced decimal point（十进制小数点位置错）
Misplaced else（else 位置错）
Misplaced else driective（else 指令位置错）
Misplaced endif directive（endif 指令位置错）
Must be addressable（必须是可编址的）
Must take address of memory location（必须是内存一地址）
No file name ending（无文件终止符）
No file names given（未给出文件名）
Non-protable pointer assignment（对不可移植的指针赋值）
Non-protable pointer comparison（不可移植的指针比较）
Non-protable return type conversion（不可移植的返回类型转换）
Not an allowed type（不允许的类型）
Out of memory（内存不够）
Pointer required on left side of（操作符左边须是一指针）
Redeclaration of 'xxxxxx'（'xxxxxx'重定义）
Size of structure or array not known（结构或数组大小不定）
Statement missing;（语句缺少“;”）
Structure or union syntax error（结构或联合语法错误）
Structure size too large（结构太大）
Subscription missing]（下标缺少“]”）
Switch statement missing （(switch 语句缺少“(”）
Switch statement missing ）(switch 语句缺少“)”）
Too few parameters in call（函数调用参数太少）
Too few parameter in call to'xxxxxx'（调用'xxxxxx'时参数太少）
Too many cases（Cases 太多）
Too many decimal points（十进制小数点太多）
Too many default cases（default 太多）
Too many exponents（阶码太多）
Too many initializers（初始化太多）
Too many storage classes in declaration（说明中存储类太多）
Too many types in decleration（说明中类型太多）
Too much auto memory in function（函数中自动存储太多）
Too much global define in file（文件中定义的全局数据太多）
Two consecutive dots（两个连续点）
Type mismatch in parameter #（参数“#”类型不匹配）
Type mismatch in parameter # in call to 'XXXXXXX'（调用'XXXXXXX'时参数#类型不匹配）
Type missmatch in parameter 'XXXXXXX'（参数'XXXXXXX'类型不匹配）
Type mismatch in parameter 'YYYYYYYY' in call to 'YYYYYYYY'（调用'YYYYYYY'

时参数'XXXXXXXX'数型不匹配）

Type mismatch in redeclaration of 'XXX'（重定义类型不匹配）

Unable to creat output file 'XXXXXXXX.XXX'（不能创建输出文件'XXXXXXXX.XXX'）

Unable to create turboc.lnk（不能创建 turboc.lnk ）

Unable to execute command 'xxxxxxxx'（不能执行'xxxxxxxx'命令）

Unable to open include file 'xxxxxxx.xxx'（不能打开包含文件'xxxxxxxx.xxx'）

Unable to open inputfile 'xxxxxxx.xxx'（不能打开输入文件'xxxxxxxx.xxx'）

Undefined label 'xxxxxxx'（标号'xxxxxxx'未定义）

Undefined structure 'xxxxxxxxx'（结构'xxxxxxxxxx'未定义）

Undefined symbol 'xxxxxxx'（符号'xxxxxxxx'未定义）

Unexpected end of file in comment started on line #（源文件在某个注释中意外结束）

Unexpected end of file in conditional stated on line #（源文件在#行开始的条件语句中意外结束）

Unknown preprocessor directive 'xxx'（不认识的预处理指令：'xxx'）Untermimated character constant（未终结的字符常量）

Unterminated string（未终结的串）

Unterminated string or character constant（未终结的串或字符常量）

User break（用户中断）

Value required（赋值请求）

While statement missing （(While 语句漏掉“(”）

While statement missing ）(While 语句漏掉“)”）

Wrong number of arguments in of 'xxxxxxxx'（调用'xxxxxxxx'时参数个数错误）

附录G　部分习题参考答案

第1章　C语言概述

1. 函数　　主
2. /*　*/
3. ;
4. A
5. C
6. C

第2章　C语言程序设计基础

1. ASCII码
2. 0938 7f e–12　　6632 241 8L　　–7.0 4.2e15 4e5 25.
3. 1.0
4. –16
5. D
6. A
7. B
8. D
9. C
10. A
11. C
12. D
13. D
14. A
15. A
16. D
17. C
18. A

第3章　结构化程序设计基础

1. C
2. C
3. D
4. B
5. B
6. D
7. A
8. B
9. B
10. A
11. C
12. D
13. D
14. B

15. （1）　0　　（2）　0

    （3）　1　　（4）　1

16. 【1】x<y　　【2】x=y;y=z;

17. 【1】y%4==0&&y%100!=0　　【2】f=0

18. 【1】c!= '\n'　　【2】c>='0'&&c<='9'

19. 【1】x1!=0 或 x1　　【2】x1/2-2

20. 【1】j=1　　【2】k>=0&&k<=6

21. 【1】i= =j　　【2】k!=i&&k!=j

22. （1）1,–13,–7

    （2）0.000000

    （3）i=4,j=7

    （4）　1　4　9　16　25　36　49　64　81　100

    total is 385

第4章　模块化程序设计

1. B　　2. B　　3. A
4. D　　5. A　　6. D
7. B　　8. C　　9. B
10. D　　11. D　　12. A
13. 【1】x+y,x−y　　【2】z+y,z−y
14. 【1】k/10　　【2】a2*10
15. main 函数
16. 【1】声明部分　　【2】执行部分
17. 【1】void　　【2】float
18. i=7;j=6;x=7
    i=2;j=7;x=5;
19. 111
20. max is 2
21. output: 153 370 371 407
22. 【1】2*i+1　　【2】a（i）　　【3】a（i）
23. 8

第5章　数组和指针

1. A　　2. C　　3. C
4. B　　5. D　　6. C
7. C　　8. D　　9. B
10. A　　11. C　　12. D
13. C　　14. D
15. （1）18，10　　（2）0　1　3　6　　（3）gfedcb
16. 【1】num=*b　　【2】num=*c
17. *（*（p+i）+j）
18. （1）hELLO!　　（2）bcdABCD　　（3）1

第6章　构造类型——结构体、共用体

1. A　　2. A　　3. D
4. D　　5. D　　6. B
7. B　　8. A　　9. B
10. B　　11. A
12. 【1】&per[j].body.eye
    【2】&per[j].body.f.length
    【3】&per[j].body.f.weight
13. （1）chenjian　M　18　92.50

（2）1

ffcc　ffcc　ffcc

（3）1,2.000000

第7章　位　运　算

1. C　B
2. B
3. D
4. C
5. A
6. （1）a AND b:85

a　OR b:bd

a XOR b:38

（2）x=11,y=17,z=11

（3）x=104000

y1=7

y2=104007

第8章　文　　件

1. A
2. B
3. C
4. D
5. A
6. 顺序　随机
7. 二进制　ASCII
8. 非零值　零
9. 50*sizeof（struct st）
10. 【1】（ch=getchar（））

【2】ch,fp

11. 【1】&stud[i],sizeof（struct student_type）,1,fp

【2】&stud[i].num

【3】&stud[i].age

参 考 文 献

[1] 谭浩强. C 程序设计. 2 版. 北京：清华大学出版社，2000.
[2] 谭浩强. C 程序设计解题与上机指导. 北京：清华大学出版社，1992.
[3] 王士元. C 高级实用程序设计. 北京：清华大学出版社，1996.
[4] 陈孟建. C 语言程序设计. 北京：电子工业出版社，2002.
[5] 刘振安. C 语言程序设计. 北京：清华大学出版社，2002.